研究生高水平课程体系建设丛书

HAIYANG SHENGXUE DIANXING SHENGCHANG
MOXING DE YUANLI JI YINGYONG

海洋声学典型声场
模型的原理及应用

杨坤德　雷波　卢艳阳　主编

西北工业大学出版社
西安

【内容简介】 本书系统地介绍了海洋声学典型声场模型的原理及应用。全书共分六章:绪论、射线模型、简正波模型、抛物方程模型、波数积分模型以及海洋环境噪声场模型。本书参考了国际上关于水下声场模型的经典书籍,融入了作者团队在海洋声学声场模型方面的科研成果,同时也参考了国内外相关的最新研究工作。

　　本书对海洋声学典型声场模型的原理及应用叙述详尽,理论方法的分析力求系统深入,阐述深入浅出,同时给出了典型声场模型的应用实例、输入输出参数与声场效果图,便于读者自学。本书可供水声工程、海洋工程、水中兵器、海洋监测、海洋开发等领域的科研教学人员、研究生和本科生参考。

图书在版编目(CIP)数据

海洋声学典型声场模型的原理及应用/杨坤德,雷波,
卢艳阳主编 . —西安:西北工业大学出版社,2018.8
(研究生高水平课程体系建设丛书)
ISBN 978 - 7 - 5612 - 6211 - 5

Ⅰ.①海… Ⅱ.①杨… ②雷… ③卢… Ⅲ.①海洋
学—声学—声场—模型—研究生—教材 Ⅳ.①P733.2

中国版本图书馆 CIP 数据核字(2018)第 195907 号

策划编辑: 何格夫
责任编辑: 何格夫　　万灵芝

出版发行: 西北工业大学出版社
通信地址: 西安市友谊西路 127 号　　　邮编:710072
电　　话: (029)88493844　88491757
网　　址: www.nwpup.com
印 刷 者: 陕西省富平县万象印务有限公司
开　　本: 787 mm×1 092 mm　　　1/16
印　　张: 10
字　　数: 240 千字
版　　次: 2018 年 8 月第 1 版　　2018 年 8 月第 1 次印刷
定　　价: 36.00 元

前　言

水声学作为一门小众学科，无论从行业范畴还是教学科研范畴来看都显得资料有所不足。然而，随着我国走向深蓝的战略步伐加大，大力发展海洋事业的节奏加快，无论从军用还是民用的角度来看，水声学都处在一个空前炙热的风口上。越来越多的科研院所开始设立水声部门，越来越多从事水声相关的海洋类企业诞生，越来越多的大学也开始设立水声学专业。水声学正从一门看似高深复杂、高门槛、小众的学科逐渐成为一门更基础、更清晰、更有需求的大众学科。无论从一个学科的角度出发，还是从其作为依托的水下世界（主要为海洋）出发，水声学都具备着相当大的发展空间。

水声学相关的教材和专著在大学图书馆里可能还占不了小小的一栏，通常被摆在"声学"或"海洋"大类下的一个小角落里。当然，这其中不乏许多经典权威的教材，如当前水声专业学生都用的基础教材《声学基础》《水声学原理》等，以及国外专著 *Computational Ocean Acoustic* 等。应该说，水声学是一门较为复杂且模糊的学科。为什么说模糊呢？可以从两个角度去理解：一是因为其所依托的水下环境的复杂性、时变性导致其在解算实际问题时总无法避免地存在误差，其量级与以电磁波作为载体的空气中的探测手段相比是较大的；二是基于波动方程的各种解算方法带来的计算误差，由于大部分情况下无法得到精确的解，所以现存的大多计算声场的方法都是近似方法，但其结果也大多可以满足误差要求。正是基于以上特点，在水声学的学习研究中仿真和实验有着不亚于理论推导的意义。而当前的大多教材显然都没有照顾到这点，往往理论分析过重，实际操作与上手仿真计算的内容有所欠缺，缺乏工科特色。本书正是基于此需求空缺而进行编写的。

本书的主要内容是介绍目前主流的水下声场计算模型及其使用方法，作为一本适合广大高校学生和科研单位工作人员学习使用的教材，其定位是让读者可以简单地了解各种声场模型的计算原理、快速地实现上手实际操作所需的声场模型。限于本书的侧重点和篇幅，本书对于水声学的基础知识没有进行过多的介绍，大多数声场模型计算原理介绍都从波动方程出发。为了不给读者过多的理论累述，对于声场模型的计算推导在确保读者能理解其主要思路和方法的基础上，尽可能减少非必须的理论篇幅。为了让读者能快速地上手实际操作，书中对于每种计算模型都给出了详细的使用说明和例子。应该说，这是一本实用的兼备理论与仿真的教材。

本书共六章,其中第一章为绪论,第二～五章分别为射线模型、简正波模型、抛物方程模型和波数积分模型的介绍,第六章则介绍了噪声模型。本书由杨坤德、雷波和卢艳阳主编并完稿。编写期间在读的研究生徐哲臻、刘鸿、张宇坤、路达、杨秋龙、田天、张遥等人对本书的编撰提供了大量帮助,在此表示诚挚的感谢。

　　由于水平所限,书中难免有不当和错误之处,恳请读者在使用此书的过程中批评指正。

编　者

2018 年 5 月 10 日

目　　录

第一章　绪　　论

1.1　水下声场模型的定义

随着水声学与水声技术的发展,水声在新的历史时期被赋予了十分艰巨的使命和任务。现如今,水声学已经被广泛地应用于描绘水下概貌、借助海洋波导传递信息、测量海洋特性等方面。在历史上,声呐技术人员开创与发展水声建模工作的初衷,往往是为了对设计好的声呐系统进行效果评估,以便为后续的设计工作提供指导。此外,水声模型还用于训练声呐操作员,评定舰队作战,预测声呐效能与新型战术的发展。

简要地讲,从概念上,可以将传播现象分为边界相互作用、体积效应和传播途径三类。在海洋环境中建立数学模型时,我们对声传播的描述也采用了类似的分类方法。水声学中,数学模型首先按照体积传播理论的处理方法被划分,然后再根据具体的边界条件和二次体积效应(如吸收衰减、混浊和气泡)来做进一步的划分。

然而,各种物理和数学模型在功能上都存在着固有的局限,这些局限往往表现在应用频段等方面。这些限制总体上称为"可应用域",这个域在模型之间依然存在着一定的差异。模型在使用中遇到的大多数问题,究其原因,便是超出了"可应用域",也就是说,在这些域对模型的使用是不恰当的。

所有声传播数学模型的理论基础都是波动方程。海洋环境下的声传播建模起源于第二次世界大战期间,当时的初衷是为了解决反潜战系统中的声呐性能预报问题。这些早期的模型,使用的是由波动方程导出的声线轨迹技术,可以用于描绘声线,获得在一定环境下声线的主要传播路径。紧接着,这些传播路径就能够被用于预报相关声呐的探测区域。如今,我们所熟知的射线理论便继承了这种方法的主要思路。到了 1948 年,Pekeris[1] 又提出了另一种称为波动理论解的方法,他利用波动方程的简正波解来阐述爆炸声在浅海中的传播。

在之后的几十年间,水声建模技术日臻成熟,建立起的模型也越来越复杂,这就使得很难再用射线模型与波动模型这样简单的分类来界定了。但在实际当中,我们还可以继续使用这种分类方法,来区分主要基于声线技术的模型和采用某种形式的数值积分求解波动方程的模型。有的时候,为了充分发挥这两种方法的长处,同时克服各自的不足,常常将这两种方法联合使用。这种联合技术称为混合方法。

正如前面所提到的,所有声传播数学模型的理论基础都是波动方程。波动方程是从较为基本的状态方程、连续方程和运动方程导出的。Kinsler[2] 等人在其著作中,介绍了一种通俗、浅显的推导方法。Desanto[3] 还在 1979 年提出了一个包含重力和旋转力的更为一般的波动方程形式。

虽然声传播模型可以由所应用的理论方法来分类,但由于各种方法存在交叉,使得严格的分类非常困难。结果是分类方案分得越细,出现的交叉就越多。这里用五种规范的波动方程解所对应的五种理论方法构成一个概括的模型分类表（Jensen 和 Krol[4]，1975 年；Dinapoli 和 Deavenport[5]，1979 年），如图 1-1 所示。

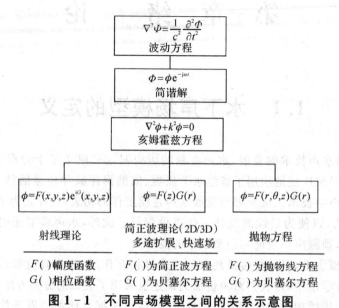

图 1-1　不同声场模型之间的关系示意图

这五类模型还可进一步细分为与距离无关和与距离有关的模型。与距离无关，意味着模型假定海洋水平分层，海洋特性仅与深度有关。与距离有关，是指海洋特性不仅与深度有关，还与相对接收器的方位（θ）和距离（r）有关。这种距离变化特性通常包括声速和海洋深度，此外，诸如海况、吸收和海底底质参数也可随距离变化。与距离有关，还可进一步分为在距离和深度上变化的二维（2D）情况和在距离、深度及方位上变化的三维（3D）情况。

1.2　各章节的主要内容

在后续的章节中，将会分别就射线理论、简正波理论、抛物方程理论、波数积分方法和海洋环境噪声模型等进行详细的介绍。

1.2.1　射线理论模型

第二章介绍的射线理论是通过声线轨迹来计算传播损失的。这是在水声建模中起源最早、发展最完善、应用最广泛的建模理论之一。从 20 世纪四五十年代开始，随着人们研究的逐渐深入，基于射线理论的建模方法得到了深入的发展，为声场建模、水下声信道预报提供了有力支持。其中，在 1971 年，Sachs 和 Silbiger[6]提出了一种理论，该理论本质上是一种渐进近似的方法，用于预报焦散线有声一侧声场的空间振荡幅度。在声影区中，声场随着离焦散线边界的距离增加而衰减。到了 1984 年，Boyles[7]清晰地描述了焦散线的形成，并对射线理论做了适当的修正，常把此种理论方法称为"修正的射线理论"。这称得上是射线理论发展进程中的一个里程碑。

　　在对实际的海洋环境仿真时,数学上的复杂性往往会成为我们采用三维处理方式的阻碍,所以,常常采用二维的处理方法。二维处理方法通常可以由以下三种方法来实现:① 环境保持不变的情况下,在离散距离间隔上画声线图(Weinberg 和 Dunderdale[8],1972 年;Weinberg 和 Zabalgogeazcoa[9],1977 年);② 将距离 - 深度平面分成三角形区域(Bucker[10],1971 年;Roberts[11],1974 年);③ 允许环境随距离缓慢变化,以便使用三次样条函数(Foreman[12],1983 年)。

　　2012 年,曲晓慧等[13]基于射线理论,就深海声速剖面对吊放声呐探测距离的影响进行了研究。2015 年,张同伟等[14]基于声线理论的多途信道模型,提出了一种基于单水听器宽带信号自相关函数的水下目标定位稳健方法。韦强强等[15]通过仿真实验,基于射线模型对深海环境下四种典型海底地形声传播展开研究,其结果可为实际海洋环境下的水下信息传输以及探测提供技术支持。

1.2.2　简正波理论模型

　　水声传播建模技术始于第二次世界大战,其相关领域的研究在 20 世纪 60 年代迎来了一段高潮,简正波理论属于早期的理论之一,这正是第三章的主要内容。简正波理论主要基于水平分层假设。和射线理论一样,它处理问题的能力十分有限,只能用于计算水平不变问题。在 20 世纪 70 年代前后,耦合简正波理论应运而生,这是一种可以处理水平变化的二维声传播问题的技术。近半个世纪以来,国内外都投入了相当大的人力物力,在建模理论和相应计算方法等方面开展了大量研究,同时也取得了颇为丰硕的成果。

　　由 Stickler 提出的简正波模型,把声速剖面划分成了 N 层,且每一层的折射率的平方近似为一条直线,介质密度近似为常数。这样能够用艾里函数(Airy Function)表示声压场中与深度有关的部分,从而提高计算效率。值得一提的是,Stickler[16]于 1975 年提出的一种模型,将连续模态也纳入其中。Porter 和 Reiss[17]在 1984 年又利用快速有限差分法精确地解出了实数本征值,并指出,在与距离有关的声场中这些本征值的误差将表现为相位的偏移。

　　Ferris[18](1972 年)和 Ingenito 等[19]人(1978 年)分析总结了在美国佛罗里达州巴拿马城附近海域的现场测量结果,分析了各阶模态的传播情况。Boyles[7](1984 年)对测量结果进行了全面的讨论,证明了一定类别的简正波与特定海洋波导中的声传播之间的关联性。

　　简正波理论也可以推广到三维,为了使用简正波理论进行三维传播建模,一种有效的方法是利用侧向波动方程,直接将水平折射效应包含进去。Kuperman 等[20]人(1988 年)和 Porter[21](1991 年)使用高斯型波束跟踪法求解了侧向波动方程。对于存在轻微水平变化的环境,Perkins 等[22]人在 1990 年则通过对绝热简正波模态的计算,构建了全三维声场。

　　Ainslie 等[23]人曾研究了可变海深的距离有关环境中的模态泄漏问题。在这一特定研究中,采用了模态求和的方法来计算海底作用场。在此基础上,Gabrielson[24]于 1982 年研究了简正波模态在泄漏波导中的利用。

　　此外,Ferla 等[25](1982 年)研究了在海洋环境中,为了可靠地预报传播损失,需要计算的模态数量,以及声波频率的合理范围。Primack 和 Gilbert[26](1991)等人研究了楔形(如斜坡形)地形下的简正波模态。正是这些研究促成了简正波理论的发展,为水声建模提供了有力的支持。

2000 年,张歆和张小蓟等[27]采用了一种全液态 Kraken 简正波模型,对位于浅海信道的目标海区的传播特性进行分析,得到了不同传播条件下信道的传播损失和频率特性图,为水声通信系统的设计提供了理论基础。

彭朝晖和李整林[28]在 2004 年指出,对于海面处声速与沉积层声速十分接近的浅海问题,海水表面附近的声场对海底参数的变化非常敏感。对于这一类的浅海声道,最有效的计算模型是简正波模型。他们首先讨论了简正波模型的选择问题,然后利用数值模型的方法研究了沉积层的声学特性对声场的影响。

2014 年,莫亚枭、朴胜春等[29]为了考虑海底地形随距离变化的非水平分层介质中割线积分对声场的贡献,提出了复等效深度耦合简正波模型。

1.2.3 波数积分模型

将会在第五章介绍的波数积分方法和简正波法的数学基础其实是相同的,但两者计算积分使用了不同的方法。简正波法是使用了复围线积分将积分表达式简化成留数之和,而波数积分法则是通过数值求积分的方法直接计算积分。波数积分采用的是直接数值积分的方法,因而其对近场的计算更为准确,同时也易于处理衰减的问题,且能计算黏弹性介质中的声场。而且其数值积分又可以通过快速傅里叶变换来实现,因此一般也把该方法称为快速场程序(FFP)。因为它处理的基础是对波动方程实施积分变换,因此一般用于处理与距离无关的环境。当然,也有一些将其扩展到处理距离相关环境中的研究。

水平分层介质的波数积分原理是 Pekeris 首先引入到水声学中的,他使用了简单的两层和三层环境模型来处理分层平面波导中的声传播。基于对计算效率的考虑,波数积分方法将海洋环境水平分层,每层中的声速梯度满足特殊的函数形式,以得到层中格林函数的解析解。

现有的格林函数数值计算方法包括直接全局矩阵法(Direct Global Matrix Approach)、传播算子矩阵法(Propagator Matrix Method)和不变嵌入法(Invariant Embedding Approach)等。Schmidt[30]提出的全局矩阵法(DGM)适用于整个水层以及多个发射源或接收深度的声场计算,其上行、下行平面波自然分离的特点也有利于处理海底弹性介质层、海底散射以及混响等问题。全局矩阵法最重要的优点是它的无条件稳定性,但在算法实现上比较复杂,需要较多的存储空间,容易受到介质层数增多的限制。

2003 年,吴金荣、高天赋[31]对浅海混响能量衰减进行了研究,利用波数积分方法计算声波从发射换能器到散射体和从散射体到接收水听器的传播,同时采用经验散射函数来描述海底界面散射特性,然后给出了混响强度随时间的变化关系。

基于波数积分法,王光旭、彭朝晖[32]等通过分析实验数据,研究了空气中声源激发的浅海水下声场传播特点。2017 年,于晓林、骆文于等[33]提出了在 Pekeris 波导条件下,一种基于波数积分方法的线源声场中的稳定数值计算方法。

1.2.4 抛物方程模型

抛物型近似方法在波传播问题中应用的历史可以追溯到 20 世纪中期,由 Keller 和 Padakis[34]于 1977 年最先提出,当时,抛物方法被率先应用于对流层无线电波的远程传播问题。随后,抛物型近似方法又在微波波导、激光束传播、等离子物理和地震波传播等领域成功地得到了应用。随后,Hardin[35]和 Tappert 首次提出把这一方法应用于水声传播问题当中。

我们将在第四章详细介绍的抛物方程方法(Parabolic Equation,PE),是采用抛物型方程代替简化的椭圆型波动方程。Tappert[36]在 1977 年指出,在初始场已知的情况下,通过"步进解法"可求得抛物型波动方程的数值解。Lee 等[37]人在 20 世纪 80 年代又提出了用于求解抛物方程的隐式有限差分法和常微分方程法。1987 年,Lee 和 McDaniel[37]对隐式有限差分技术又进行了更为深入的研究,并整理出了一些标准问题的测试实例和一些计算机程序。Collins[38]则在 1988 年描述了抛物型波动方程的有限元解。

彭朝晖和张仁和[39]在 2005 年提出了耦合简正波-抛物方程理论及算法,在广义相积分(WKBZ)理论和波束位移射线简正波(BDRM)理论的基础上,将二维耦合简正波-抛物方程理论推广至三维。

为了研究浅海环境中弹性海底对声传播的影响,安旭东等[40](2011 年)基于抛物方程近似方法,建立了与距离相关的具有弹性海底海洋环境中的低频声传播模型。2016 年,徐传秀、朴胜春等[41]建立了一种三维柱坐标系下流体高阶抛物方程算法,充分考虑到了海底地形随三维空间变化的海洋环境中水平方位角耦合效应对声传播的影响。

1.2.5 海洋环境噪声场模型

第六章的主要内容是海洋环境噪声场的建模。最常用的噪声源模型分为噪声源具有时空分布的动态模型和认为噪声源不随时间改变的静态模型。其中的静态模型又一般作两种假设:一种假定海面噪声源为点源,各点源统计相关且无指向性,在海面之下某一深度的无限平面上均匀分布;另一种是假定海面噪声源为点源,各点源统计独立、有指向性且直接分布在海面上[42]。Liggett 与 Jacobson[43][44]已证明这两种静态模型是等价的。风成噪声源级被认为主要取决于风速和频率,目前给出噪声源级的方法主要是由实验数据总结出经验公式,常用的经验公式有以下几种:其一是 Wilson[45]给出的经验公式,适用于频率 50~1 000 Hz,风速10~30 节;其二是 Kuperman 和 Ferla 等[46]人给出的风成噪声源级公式,该公式是对实测噪声谱级进行传播损失修正得到的结果,适用于 400 Hz~3.2 kHz。静态噪声源模型形式简单、使用方便,但普适性很差,因此 S. Finette 等建立了动态噪声源统计模型,虽然考虑了风速、风时、风区的影响,但因为对风关噪声源发声机理的物理意义仍不是很清楚,获取准确的模型参数较难等研究的瓶颈,目前还没有成熟的动态噪声源理论模型,因而声源级模型的使用仍常选用静态模型[47]。

关于噪声的传播,近几十年来,人们也进行了大量的工作。Cron 和 Sherman[48]提出的模型假设海水与海底为均匀半空间,噪声源分布于无限大海表面,具有 $\cos^m \alpha$(通常 $m=1$ 或 2)结构的辐射指向性,其中 α 是以垂直向下为零度来计算的俯仰角。

Plaisant[49]选择射线理论作为声传播模型,同时考虑了水体衰减、海底衰减和变化的声速剖面的影响,模型结果和实测数据在 500 Hz 以上的结果十分相近。此模型认为相关函数只与接收点之间的相对位置有关,与其绝对位置无关。

Kuperman 和 Ingenito[50]提出的模型假定声源为具有随机相位的单极子声源,在海面以下的无限平面上均匀分布,该平面的深度为四分之一波长,利用波动理论推导了分层海洋中噪声场的互谱密度函数,利用简正波特征值特征函数来表达格林函数,从而求得互谱密度。

美国的 RANDI 模型[51]利用快速场程序 FFP(Fast Field Program)计算近场的连续谱,用简正波程序 SUPERSNAP 来计算得到离散简正波,是一种可以在 500 Hz 以下便捷地计算噪声场的水平、垂直指向性的模型。

T. C. Yang[52]对风关噪声场的近场和远场采用不同的方法,建立了波数积分-简正波噪声模型,并对可能影响噪声场的垂直指向性的环境因素进行了分析讨论。

林建恒[53]的研究思路与 T. C. Yang 相同,在近场采用射线法,在保证一定精度的前提下大大提高了环境噪声预报的速度。

海洋环境噪声建模时可根据不同的海域、频率范围和不同的假设条件选择相应的模型。

在各章节中,将会通过相关的数学推导和计算机仿真,来一一介绍这些建模理论。同时,在每一章的概述部分,也对各种模型的发展和现状做了简要的说明。

参 考 文 献

[1] PEKERIS C L. Theory of propagation of explosive sound in shallow water[J]. Geological Society of America,1948(27):1－117.

[2] KINSLER L E, FREY A R, COPPENS A B, et al. Fundamentals of acoustics[M]. New York:John Wiley and Sons,1999.

[3] DESANTO J A. Derivation of the acoustic wave equation in the presence of gravitational and rotational effects[J]. Journal of the Acoustical Society of America，1979，66 (3):827－830.

[4] JENSEN F, KROL H. The use of the parabolic equation method in sound propagation modelling[R]. [S. l. :s. n.],1975.

[5] DINAPOLI F R, DEAVENPORT R L. Numerical models of underwater acoustic propagation[M]. Berlin, Heidelberg：Springer, 1979.

[6] SACHS D A, SILBIGER A. Focusing and refraction of harmonic sound and transient pulses in stratified media[J]. Journal of the Acoustical Society of America, 1971, 49 (3B): 824－840.

[7] BOYLES C A. Acoustic waveguides：Applications to oceanic science[M]. New York: Wiley,1984.

[8] WEINBERG N L, DUNDERDALE T. Shallow water ray tracing with nonlinear velocity profiles[J]. Journal of the Acoustical Society of America, 1972, 52(3B): 1000－1010.

[9] WEINBERG N L, ZABALGOGEAZCOA X. Coherent ray propagation through a Gulf Stream ring[J]. Journal of the Acoustical Society of America, 1977, 62(4): 888－894.

[10] BUCKER H P. Some comments on ray theory with examples from current NUC ray trace models[C]//Unknown. SACLANTCEN Proc. no. 5 (Geometric. Acoust.). [S. l. :s. n.],1971:32－36.

[11] ROBERTS JR B G. Horizontal－gradient acoustical ray－trace program TRIMAIN

[R]. Washington D. C. :United States Naval Research Laboratory，1974.

[12] FOREMAN T L. Ray modeling methods for range dependent ocean environments [R]. [S. l. :s. n.]，1983.

[13] 曲晓慧，单志超，陈建勇，等. 深海声速剖面对吊放声呐探测距离的影响研究[J]. 计算机仿真，2012，29(5)：471 - 476.

[14] 张同伟，杨坤德，马远良，等. 一种基于单水听器宽带信号自相关函数的水下目标定位稳健方法[J]. 物理学报，2015，64(2)：276 - 282.

[15] 韦强强，韩东，徐池，等. 基于射线模型的典型海底地形下的声传播[J]. 科技创新与应用，2017(32)：3 - 6.

[16] STICKLER D C. Normal - mode program with both the discrete and branch line contributions[J]. Journal of the Acoustical Society of America，1975，57(4)：856 - 861.

[17] PORTER M B, REISS E L. A numerical method for ocean - acoustic normal modes [J]. Journal of the Acoustical Society of America，1984，76(1)：244 - 252.

[18] FERRIS R H. Comparison of Measured and Calculated Normal - Mode Amplitude Functions for Acoustic Waves in Shallow Water[J]. Journal of the Acoustical Society of America，1972，52(52).

[19] IIGENITO F, FERRIS R H, KUPERMAN W A, et al. Shallow water acoustics, phase 1[J]. Shallow Water Acoustics，1978，57(10)：55 - 61.

[20] KUPERMAN W A, PORTER M B, PERKINS J S, et al. Rapid three - dimensional ocean acoustic modeling of complex environments [C]//Unknown. 12th IMACS World Congress on Scientific Computation. [S. l. :s. n.]，1988.

[21] PORTER M B. The KRAKEN normal mode program[R]. Washington D. C. :United States Naval Research Laboratory，1992.

[22] PERKINS J S, WILLIAMSON M, KUPERMAN W A, et al. Sound propagation through the Gulf Stream：Current status of two three—dimensional models[J]. Computational Acoustics：Ocean—Acoustic Models and Supercomputing, eds. D. Lee, A. Cakmak, and R. Vichnevetsky (North—Holland, Amsterdam, 1990)，1990：217 - 238.

[23] AINSLIE M A, PACKMAN M N, HARRISON C H. Fast and explicit Wentzel - Kramers - Brillouin mode sum for the bottom—interacting field, including leaky modes[J]. Journal of the Acoustical Society of America，1998，103(4)：1804 - 1812.

[24] GABRIELSON T E. Mathematical Foundations for Normal Mode Modeling in Waveguides [J]. Journal of the Acoustical Society of America，1983，73(6)：263 - 277.

[25] FERLA M C, JENSEN F B, KUPERMAN W A. High - frequency normal - mode calculations in deep water[J]. Journal of the Acoustical Society of America，1982，72(2)：505 - 509.

[26] PRIMACK H, GILBERT K E. A two - dimensional downslope propagation model based on coupled wedge modes[J]. Journal of the Acoustical Society of America,

1991，90(6)：3254 - 3262.

[27] 张歆，张小蓟，李斌. 基于 Kraken 简正波模型的浅海声场分析[J]. 西北工业大学学报，2000，18(3)：405 - 408.

[28] 彭朝晖，李整林. 关于浅海沉积层对声场影响的讨论[C]//中国声学学会. 全国水声学学术会议论文集.[出版地不详]：[出版者不详]，2004：7 - 9.

[29] 莫亚枭，朴胜春，张海刚，等. 复等效深度耦合简正波模型[J]. 声学学报，2014(4)：428 - 434.

[30] SCHMIDT H，GLATTETRE J. A fast field model for three - dimensional wave propagation in stratified environments based on the global matrix method[J]. Journal of the Acoustical Society of America，1985，78(6)：2105 - 2114.

[31] 吴金荣，高天赋. 浅海波数积分混响研究[J]. 声学技术，2003，22(s2)：200 - 202.

[32] 王光旭，彭朝晖，张仁和. 空气中声源激发的浅海水下声场传播实验研究[J]. 声学学报，2011(6)：588 - 595.

[33] 于晓林，骆文于，杨雪峰，等. 一种基于波数积分方法的线源声场计算方法[J]. 声学技术，2017，36(5)：415 - 422.

[34] KELLER J B，PAPADAKIS J S. Wave Propagation and Underwater Acoustics[J]. Lecture Notes in Physics，1977，70：1 - 13.

[35] HARDIN R H. Applications of the split - step Fourier method to the numerical solution of nonlinear and variable coefficient wave equations[J]. Siam Review.，1973 (15)：423.

[36] TAPPERT F D. The parabolic approximation method[M]//Berlin，Heidelberg：Springer，1977.

[37] LEE D，MCDANIEL S T. Ocean acoustic propagation by finite difference methods [M]. Amsterdam：Elsevier，2014.

[38] COLLINS M D. The time - domain solution of the wide - angle parabolic equation including the effects of sediment dispersion[J]. Journal of the Acoustical Society of America，1988，84(6)：2114 - 2125.

[39] 彭朝晖，张仁和. 三维耦合简正波－抛物方程理论及算法研究[J]. 声学学报，2005 (2)：97 - 102.

[40] 安旭东，祝捍皓，张海刚，等. 低频声传播的抛物方程计算方法研究[C]//中国西部声学学术交流会. 2011.

[41] 徐传秀，朴胜春，杨士莪，等. 采用能量守恒和高阶 Padé 近似的三维水声抛物方程模型[J]. 声学学报，2016(4)：477 - 484.

[42] 张仁和，朱柏贤，吴国清，等. 海面噪声的空间相关与垂直方向性理论[J]. 声学学报，1992，17(4)：270 - 277.

[43] LIGGETT JR W S，JACOBSON M J. Covariance of Surface - Generated Noise in a Deep Ocean [J]. Journal of the Acoustical Society of America，1965，38 (2)：303 - 312.

[44] LIGGETT JR W S，JACOBSON M J. Noise covariance and vertical directivity in a

deep ocean[J]. Journal of the Acoustical Society of America，1966，39(2)：280 - 288.

[45] WILSON J H. Low - frequency wind - generated noise produced by the impact of spray with the ocean's surface[J]. Journal of the Acoustical Society of America，1980，68(3)：952 - 956.

[46] KUPERMAN W A，FERLA M C. A shallow water experiment to determine the source spectrum level of wind - generated noise[J]. Journal of the Acoustical Society of America，1985，77(6)：2067 - 2073.

[47] 林建恒，衣雪娟，陈鹏，等. 风关海洋环境噪声源模型[C]//中国声学学会. 中国声学学会全国声学学术会议论文集.[出版地不详]:[出版者不详],2006.

[48] CRON B F，SHERMAN C H. Spatial - Correlation Functions for Various Noise Models[J]. Journal of the Acoustical Society of America，1962，34(11)：1732 - 1736.

[49] PLAISANT A. Spatial coherence of surface generated noise[J]. Proceedings of UDT，1992：515.

[50] KUPERMAN W A，INGENITO F. Spatial correlation of surface generated noise in a stratified ocean[J]. Journal of the Acoustical Society of American，1980，67(6)：1988 - 1996.

[51] WAGSTAFF R A. RANDI：research ambient noise directionality model[R]. San Diego：Naval Undersea Center，1973.

[52] YANG T C，KWANG YOO. Modeling the environmental influence on the vertical directionality of ambient noise in shallow water[J]. Journal of the Acoustical Society of American，1997，101(5)：59 - 61,63 - 64.

[53] 林建恒，李学军，常道庆，等. 风动海洋环境噪声模型[C]//中国声学学会. 中国声学学会青年学术会议论文集.[出版地不详]:[出版者不详],2001.

第二章 射线模型

2.1 概　述

　　射线理论是几何声学的近似理论,其可以给出声场直观、形象的理解,是解算声场的一种重要方法。射线理论建立在高频近似的基础上,其将声波的传播看成是一条条射线。每一条射线与等相位面垂直,称为声线,这种近似手段与几何光学相似,只要考虑在波长非常小时,能量沿直线传播的情况,即忽略声波的衍射现象,只考虑声线的反射和折射问题。声线的路径即代表声波传播的路程,声线经历的时间即认为是声波传播的时间,声线束所携带的能量即为声波传播的声能量。

　　射线模型在水声学中已使用多年,射线声学的发展一直在随着水声学的发展不断发展。从历史上看,早在射线理论得到明确的数学阐述之前,人们就已经了解声线路径的特征了。射线理论的引出最早来自于光学,光学中射线理论的应用甚至还要早于光传播方程的应用,早在1626年,关于光线折射规律的斯涅尔定律就被提出了,这一定律在水声学的射线理论中同样被用到。

　　在水声学中,最早有关声线的描述来自李希特的研究,他选取了大量浅海实验点,将建模结果和测量的数据进行比较,这些文章同时还预想到了在深海信道中声线极好的远距离传播特性。

　　1982 年 Jensen[1] 在分析不同声场模型的基础上对不同模型的适用情况进行了分析。他将声场环境按海深、使用频率范围和与距离相关性进行了分类。实验结果表明,射线模型可以较好地解算深海、高频环境下的与距离相关的声场问题,但对于浅海、低频环境,常规声线理论则不再适用。

　　射线理论原则上不但适用于海洋环境与距离无关的声传播问题,也适用于海洋环境与距离有关的声传播问题[2],但对于非水平分层介质求解过程较烦琐。射线理论可以求解三维声传播问题,但考虑三维声传播问题时,声线结构的计算比较烦琐,其中很大的一个困难在于声线轨迹的描述和本征声线的寻找。各国水声工作者通过对声线模型进行修正,不仅使声线模型在理论分析上有了重大突破,并且在实验检验方面取得了很大的进展。通过适当修正,射线模型完全可以工作在多种海洋介质条件下[3-4]。

　　同时,射线模型也是分析多途信道中通信系统性能的有力工具。多途引起的时间扩展会导致严重的码间干扰[5]。无论是使用 FSK 调制的非相干通信系统,还是使用相位调制的相干通信系统,使用射线模型分析其通信性能都十分便捷。因此,射线模型成为水声通信领域内应用最为广泛的物理模型。

　　目前,射线声学已经有了比较严密的数学描述和成熟的数值解法,当前射线声学的发展主要是研究如何通过最优的数值解法解得声线方程的解,使误差尽可能的小,如高斯波束方法的提出,可以大大弥补几何声束的焦散线问题等等。

射线模型除了物理意义明确、应用范围广泛的优点外,还具有计算速度快的优点,这在实际应用中,尤其是作战情况下,相对其他模型具有无法比拟的优势。

2.2 射线理论基础

所有声场模型的解算方法都是基于对波动方程不同角度的求解,射线也不例外,所以我们还是从直角坐标系 $Oxyz$ 出发,令 $\boldsymbol{x} = (x,y,z)$,则亥姆霍兹方程可表示为

$$\nabla^2 p + \frac{\omega^2}{c^2(\boldsymbol{x})} p = -\delta(\boldsymbol{x} - \boldsymbol{x}_0) \tag{2-1}$$

式中,$c(\boldsymbol{x})$ 是声速;ω 是 $\boldsymbol{x}_0$ 处声源的角频率。为得到射线方程,我们寻求亥姆霍兹方程射线级数形式的解:

$$p(\boldsymbol{x}) = e^{i\omega\tau(\boldsymbol{x})} \sum_{j=0}^{\infty} \frac{A_j(\boldsymbol{x})}{(i\omega)^j} \tag{2-2}$$

其中,$\tau(\boldsymbol{x})$ 代表传播时间;$A_j(\boldsymbol{x})$ 代表幅值,该式通常是发散的,但在某些情况下其是精确解的一种渐进近似,取该式导数得

$$p_x = e^{i\omega\tau} \left[i\omega\tau_x \sum_{j=0}^{\infty} \frac{A_j}{(i\omega)^j} + \sum_{j=0}^{\infty} \frac{A_{j,x}}{(i\omega)^j} \right] \tag{2-3}$$

$$p_{xx} = e^{i\omega\tau} \left\{ \left[-\omega^2(\tau_x)^2 + i\omega\tau_{xx} \right] \sum_{j=0}^{\infty} \frac{A_j}{(i\omega)^j} + 2i\omega\tau_x \sum_{j=0}^{\infty} \frac{A_{j,x}}{(i\omega)^j} + \sum_{j=0}^{\infty} \frac{A_{j,xx}}{(i\omega)^j} \right\} \tag{2-4}$$

由此可以得出

$$\nabla^2 p = e^{i\omega\tau} \left\{ \left[-\omega^2 |\nabla\tau|^2 + i\omega\nabla^2\tau \right] \sum_{j=0}^{\infty} \frac{A_j}{(i\omega)^j} + 2i\omega\nabla\tau \cdot \sum_{j=0}^{\infty} \frac{\nabla A_j}{(i\omega)^j} + \sum_{j=0}^{\infty} \frac{\nabla^2 A_j}{(i\omega)^j} \right\}$$

$$\tag{2-5}$$

将这一结果代入式(2-1),使 ω 的同次项相等,就可得到如下关于 $\tau(\boldsymbol{x})$ 和 $A_j(\boldsymbol{x})$ 的无穷序列方程:

$$\left. \begin{array}{ll} O(\omega^2): & |\nabla\tau|^2 = c^{-2}(\boldsymbol{x}) \\ O(\omega): & 2\nabla\tau \cdot \nabla A_0 + (\nabla^2\tau)A_0 = 0 \\ O(\omega^{1-j}): & 2\nabla\tau \cdot \nabla A_j + (\nabla^2\tau)A_j = -\nabla^2 A_{j-1}, \ j = 1,2,\cdots \end{array} \right\} \tag{2-6}$$

关于 $\tau(\boldsymbol{x})$ 的 $O(\omega^2)$ 方程称为程函方程,其余的关于 $A_j(\boldsymbol{x})$ 的方程称为迁移方程,现在可以对其进行简化,即只保留射线级数的第一项,忽略其他项,这就是射线法适合高频的原因。下面我们将围绕程函方程和第一个迁移方程进行求解和分析。

2.2.1 程函方程的求解

重写式(2-6)中程函方程如下:

$$|\nabla\tau|^2 = \frac{1}{c^2(\boldsymbol{x})} \tag{2-7}$$

这是个一阶非线性偏微分方程,常用特征法进行求解。我们引入一族曲线(射线),让它们

与 $\tau(x)$ 的等相曲线（波阵面）垂直，如图 2-1 所示。这族射线定义了一个新的参照空间，使得程函方程在射线参照空间中简化成极为简单的线性常微分方程。

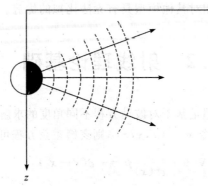

图 2-1 引入与波阵面垂直的射线族

因为 $\nabla\tau$ 是与波阵面垂直的向量，所以可以按如下微分方程定义声线轨迹 $x(s)$：

$$\frac{\mathrm{d}x}{\mathrm{d}s} = c\,\nabla\tau \tag{2-8}$$

系数 c 的引入是为了使切向量 $\mathrm{d}x/\mathrm{d}s$ 具有单位长度。这很容易验证，因为

$$\left|\frac{\mathrm{d}x}{\mathrm{d}s}\right|^2 = c^2\,|\nabla\tau|^2 \tag{2-9}$$

根据程函方程(2-7)，可得上式右端项为 1，得证。既然 $|\mathrm{d}x/\mathrm{d}s| = 1$，参数 s 就代表沿射线的弧长。考虑方程(2-8)的 x 分量，对 s 微分可得

$$\frac{\mathrm{d}}{\mathrm{d}s}\left(\frac{1}{c}\frac{\mathrm{d}x}{\mathrm{d}s}\right) = \frac{\mathrm{d}}{\mathrm{d}s}\left(\frac{\partial\tau}{\partial x}\right) = \frac{\partial^2\tau}{\partial x^2}\frac{\partial x}{\partial s} + \frac{\partial^2\tau}{\partial x\partial y}\frac{\partial y}{\partial s} \tag{2-10}$$

利用方程(2-8)，上述方程又可写成

$$\frac{\mathrm{d}}{\mathrm{d}s}\left(\frac{1}{c}\frac{\mathrm{d}x}{\mathrm{d}s}\right) = c\left(\frac{\partial^2\tau}{\partial x^2}\frac{\partial\tau}{\partial x} + \frac{\partial^2\tau}{\partial x\partial y}\frac{\partial\tau}{\partial y}\right) = \frac{c}{2}\frac{\partial}{\partial x}\left[\left(\frac{\partial\tau}{\partial x}\right)^2 + \left(\frac{\partial\tau}{\partial x}\right)^2\right] \tag{2-11}$$

于是，用程函方程(2-7)代替方括号中的项，即得

$$\frac{\mathrm{d}}{\mathrm{d}s}\left(\frac{1}{c}\frac{\mathrm{d}x}{\mathrm{d}s}\right) = \frac{c}{2}\frac{\partial}{\partial x}\left(\frac{1}{c^2}\right) = -\frac{1}{c^2}\frac{\partial c}{\partial x} \tag{2-12}$$

对每个坐标重复上述过程，就得到下面的射线轨迹向量方程：

$$\frac{\mathrm{d}}{\mathrm{d}s}\left(\frac{1}{c}\frac{\mathrm{d}x}{\mathrm{d}s}\right) = -\frac{1}{c^2}\nabla c \tag{2-13}$$

然而射线轨迹只表示了声信号的传播方向，不具有声压信息。要得到声压场，还需要把相位和幅度与声线联系起来。通过在射线坐标系中求解程函方程可以得到相位，将其重写如下：

$$\nabla\tau \cdot \nabla\tau = \frac{1}{c^2} \tag{2-14}$$

由式(2-8)可得

$$\nabla\tau \cdot \frac{1}{c}\frac{\mathrm{d}x}{\mathrm{d}s} = \frac{1}{c^2} \tag{2-15}$$

即

$$\frac{\mathrm{d}\tau}{\mathrm{d}s} = \frac{1}{c} \tag{2-16}$$

这是用射线坐标 s 写出的程函方程,此式已经是一个线性常微分方程,其解为

$$\tau(s) = \tau(0) + \int_0^s \frac{1}{c(s')}\mathrm{d}s' \tag{2-17}$$

该式中的积分项是沿声线的传播时间,即波相位的延迟。

2.2.2　迁移方程的求解

有了声线传输轨迹和相位延迟,剩下的只需要求得幅度信息便可以得到声场的全部信息。声场的幅度信息可以通过求解迁移方程得到,迁移方程重写如下:

$$2\nabla\tau \cdot \nabla A_0 + (\nabla^2\tau)A_0 = 0 \tag{2-18}$$

由式(2-8)可将迁移方程写成

$$\frac{2}{c}\frac{\mathrm{d}\boldsymbol{x}}{\mathrm{d}s} \cdot \nabla A_0 + (\nabla^2\tau)A_0 = 0 \tag{2-19}$$

第一项表示沿声线的方向导数,故有

$$\frac{2}{c}\frac{\mathrm{d}A_0}{\mathrm{d}s} + (\nabla^2\tau)A_0 = 0 \tag{2-20}$$

该式大致指出了幅度沿声线的变化与声线管的扩张有关。这里,我们引入雅可比行列式,对于三维问题,雅可比行列式可表示为

$$J = \left|\frac{\partial\boldsymbol{x}}{\partial(s,\theta_0,\varphi_0)}\right| = \begin{vmatrix} \dfrac{\partial x}{\partial s} & \dfrac{\partial x}{\partial\theta_0} & \dfrac{\partial x}{\partial\varphi_0} \\[2mm] \dfrac{\partial y}{\partial s} & \dfrac{\partial y}{\partial\theta_0} & \dfrac{\partial y}{\partial\varphi_0} \\[2mm] \dfrac{\partial z}{\partial s} & \dfrac{\partial z}{\partial\theta_0} & \dfrac{\partial z}{\partial\varphi_0} \end{vmatrix} \tag{2-21}$$

式中,θ_0 和 φ_0 分别为声线的出射极距角和出射方位角。对于柱对称问题,它可简化为

$$J = r\left(\frac{\partial r}{\partial s}\frac{\partial z}{\partial\theta_0} - \frac{\partial z}{\partial s}\frac{\partial r}{\partial\theta_0}\right) \tag{2-22}$$

文献[1]给出了雅可比行列式满足下式关系的结论,其推导过程摘录至本章附录。

$$\nabla^2\tau = \frac{1}{J}\frac{\mathrm{d}}{\mathrm{d}s}\left(\frac{J}{c}\right) \tag{2-23}$$

因此可将方程(2-20)写成

$$2\frac{\mathrm{d}A_0}{\mathrm{d}s} + \left[\frac{c}{J}\frac{\mathrm{d}}{\mathrm{d}s}\left(\frac{J}{c}\right)\right]A_0 = 0 \tag{2-24}$$

对该方程积分,即求得迁移方程的结果:

$$A_0(s) = A_0(0)\left|\frac{c(s)J(0)}{c(0)J(s)}\right|^{1/2} \tag{2-25}$$

至此,根据迁移方程求得了声线的幅度信息。

2.2.3　初始条件

要求程函方程和迁移方程的解,需要确定初始条件。在海洋声学中,通常将无限均匀介质

中的点源问题作为标准来估计初始条件,同时将均匀介质的声速作为声源处的声速,即 $c_0 = c|_{s=0}$,该种情况下可得声场的解为

$$p^0(s) = \frac{e^{i\omega s/c_0}}{4\pi s} \qquad (2-26)$$

式中,s 为距点源的距离,其相应的幅度和相位就为

$$A^0(s) = \frac{1}{4\pi s}$$

$$\tau^0(s) = \frac{s}{c_0} \qquad (2-27)$$

取 $s = 0$,即 $\tau(0) = 0$ 作为程函方程的初始条件。但当 $s \to 0$ 时,幅度 $A^0(s)$ 趋于无穷大,这一问题可以用式(2-25)中的乘积部分 $A_0(0)|J(0)|^{1/2}$ 的初始条件作为代替来解决,因为这个乘积是个有限量。

通过求解均匀介质中的射线方程可以得到雅可比行列式,即声速为常数时,对射线方程(2-13)进行求解,得

$$\mathbf{x}(s) = \mathbf{x}_0 + s(\cos\theta_0\cos\varphi_0, \cos\theta_0\sin\varphi_0, \sin\theta_0) \qquad (2-28)$$

所以声线可简单地理解为从点源辐射的直线,即如图 2-1 所示。

按照此声线计算雅可比行列式,可得

$$J(s) = -s^2\cos\theta_0 \qquad (2-29)$$

将其代入式(2-25)可得

$$A_0(s) = \frac{1}{4\pi}\left|\frac{c(s)\cos\theta_0}{c(0)J(s)}\right|^{1/2} \qquad (2-30)$$

将此结果与程函方程的解(2-13)相结合,就可以得到完整的声压场:

$$p(s) = \frac{1}{4\pi}\left|\frac{c(s)\cos\theta_0}{c(0)J(s)}\right|^{1/2}e^{i\omega\int_0^s\frac{1}{c(s')}ds'} \qquad (2-31)$$

2.2.4　相干与非相干传播

以上推导的即单条声线产生的声压场,要确定整个声场中任意位置上的声压就需要将所有通过该位置的声线(即特征声线)声压相加。每条声线的声压以幅值和相位同时对复合声场作贡献,只需将每条声线的声压相加即可,则有

$$p^{(C)}(r,z) = \sum_{j=1}^{N(r,z)} p_j(r,z) \qquad (2-32)$$

式中,$N(r,z)$ 表示到达声场某确定位置 (r,z) 的所有特征声线数;$p_j(r,z)$ 是第 j 条特征声线产生的声压。传播损失的表达式为

$$TL(s) = -20\lg\left|\frac{p(s)}{p^0(s=1)}\right| \qquad (2-33)$$

式中,$p^0(s)$ 由式(2-26)给定,即计算距离点源 1 m 处的自由空间中点源的声压,即

$$p^0(s=1) = \frac{1}{4\pi} \qquad (2-34)$$

采用式(2-32)计算的声压结果代入式(2-33)进行传播损失的计算,即可得到相干传播损失的结果,其特征表现为声场中有明暗相间的传播条纹,这是由于直达声线与海面(海底)反

射声线的相长和相消干涉引起的。

　　相干传播由于相长和相消干涉的存在,其传播损失的结果通常会出现起伏较大的情况,而在现实工程中通常利用的多为较平滑的传播损失,这种情况下可以采用非相干模式进行计算。非相干计算过程忽略了每条声线的相位信息,计算方式如下:

$$p^{(I)}(r,z) = \left[\sum_{j=1}^{N(r,z)} |p_j(r,z)|^2\right]^{1/2} \qquad (2-35)$$

　　将式(2-35)代入式(2-33)计算传播损失得到的即为非相干传播损失。关于相干与非相干传播损失的区别在后文会给出具体的例子。此外,许多文献和编程还给出了半相干传播损失的计算,即介于相干与非相干结果之间,本文对此不再进行赘述,读者可自行查阅相关文献。

2.2.5　射线弯曲与声影区

　　接触过声场知识的人都知道,声场中存在声影区这一个典型现象。简单地理解,声影区就是声线很少甚至没有到达的地方,因而其声压无限接近于零。一个特定环境下声影区的形成是有迹可循的,这首先就要从声线弯曲的角度去考虑。

　　在自由空间或均匀介质中,声线是从声源向各个方向进行直线传播的,而在非均匀介质中,当声线穿过两层不同介质时,便会发生折射和反射。在海洋中,不同位置上水体密度、声速的不同导致了声线无时无刻不在发生折射和反射。由于声速的不连续性较弱,所以反射波通常较弱,可以忽略,折射波携带了声波大部分的能量。射线弯曲便是声线不停地折射所形成的,其物理机理可以用斯涅尔定律进行描述,即

$$k_1\cos\theta_1 = k_2\cos\theta_2 \qquad (2-36)$$

其中,k_i 为只由介质属性决定的常数,斯涅尔定律将入射角 θ_1 和折射角 θ_2 联系了起来。当上一分界面的折射声线成为下一分界面的入射声线时,斯涅尔定律依然适用,即

$$k_2\cos\theta_2 = k_3\cos\theta_3 \qquad (2-37)$$

依此类推,可以得到如下关系:

$$k(z_i)\cos\theta(z_i) = k(z_j)\cos\theta(z_j) \qquad (2-38)$$

其中,$i,j = 1,2,\cdots,N$,表示该水体共有 N 层介质。由此式便可以实现在已知声线起始点(深度 z_0 和倾角 θ_0)的情况下计算指定深度 z_r 上的声线角了。

$$\theta(z_r) = \arccos\left[\frac{k(z_0)}{k(z_r)}\cos\theta(z_0)\right] \qquad (2-39)$$

　　由上式还可以发现,这不但可以解释声线折射形成的声影区现象,还有助于计算水体中声线发生反转的深度。令 $\theta(z_r) = 0$,可得

$$k(z_1)\cos\theta(z_1) = k(z_r) \qquad (2-40)$$

　　由上式可得,在水体对应参数为 $k(z_r)$ 的深度上,即实现了声线的反转。

　　通常所说的声线往声速小的方向折射,其物理解释正是源于斯涅尔定律,包括深海声道轴、会聚区等典型现象的存在,其主要原因都是声线的弯曲形成的。

　　另外,在绘制声场图的过程中,声线出射角的范围控制也是影响声影区范围的一个原因,这取决于具体的计算需求。例如,要把声线限制在水体中传播而不与海底发生反射,那么可以根据式(2-40)计算出令声线在海底发生反转的最大出射角。

2.2.6 高斯声束

在介绍高斯声束之前,先简单介绍一下几何声束。上文给出了声线推导的详细过程,将声场分解为许多声线,那么声线之间的空隙处是如何处理的呢?几何声束的提出就是解决声线间空隙声压的问题。几何声束的出发点是将声线看作以该声线为中心的三角形或帽型的声束形式,其声压强度就可以较平滑地过渡到两声线中间的部分。而高斯声束的提出就是基于对几何声束的补充,高斯声束以高斯分布代替几何声束的三角形分布,可以弥补几何声束在声影区、焦散线处理问题上的不足。

介绍高斯声束需要先简单介绍下声线动态描绘。声线路径随出射角或声源微小扰动而产生的变化可以通过微分方程来表示,这些微分方程构成了声线动态描绘的基础,可以用来计算沿声线的幅度参量,这里仅给出最后结果,详情可参阅文献[6]:

$$\frac{\mathrm{d}p}{\mathrm{d}s} = c(s)p(s) \tag{2-41}$$

$$\frac{\mathrm{d}q}{\mathrm{d}s} = -\frac{c_{m}}{c^{2}(s)}q(s) \tag{2-42}$$

其中,c_m 是声速 $c(r,s)$ 在声线路径法线方向上的二阶导数,可写为

$$c_m = c_{rr}\boldsymbol{n}_{(r)}^2 + 2c_{rz}\boldsymbol{n}_{(r)} \cdot \boldsymbol{n}_{(z)} + c_{zz}\boldsymbol{n}_{(z)}^2 \tag{2-43}$$

其中,$\boldsymbol{n}_{(r)}$,$\boldsymbol{n}_{(z)}$ 是声线的法向量。

高斯声束给定声源的初始宽度和曲率,允许其在离开声源向外传播时增大或减小曲率[7]。最终我们可以导出的在中心声线邻域上的解为以下形式:

$$p^{\mathrm{beam}}(s,n) = A\sqrt{\frac{c(s)}{rq(s)}}\exp\left\{-\mathrm{i}\omega\left[\tau(s) + \frac{p(s)}{2q(s)}n^2\right]\right\} \tag{2-44}$$

式中,A 是任意常数;n 是离中心声线的垂直距离;$\tau(s)$ 是沿声线的相位延迟。

为使上述方程具有能量以中心声线为中心的声束形式,选择 p 和 q 为复数。这样,p/q 的实部和虚部就可通过下式与波束宽度 W 和曲率 K 联系起来:

$$W(s) = \sqrt{\frac{-2}{\omega\mathrm{Im}[p(s)/q(s)]}} \tag{2-45}$$

$$K(s) = -c(s)\mathrm{Re}[p(s)/q(s)] \tag{2-46}$$

于是动态声线方程就可简单地用代表初始束宽和曲率的复数初始条件求解。

最后把所有声束加起来,求得复合声压。各个声束的加权按照均匀介质中的标准点源问题确定。对于点源,声束的相应加权为

$$A(\theta_0) = \delta\vartheta_0 \frac{1}{c_0}\sqrt{\frac{q(0)\omega\cos\theta_0}{2\pi}}\,\mathrm{e}^{\mathrm{i}\pi/4} \tag{2-47}$$

式中,$\delta\vartheta_0$ 是声束之间的夹角,θ_0 为出射角。由于高斯声束是基于真实传播波束的物理特性,所以具有较好的声场拟合特性。然而,在较低的频段,高斯声束的尺度较大,还是会带来一些问题。关于高斯声束更详细的叙述可参阅文献[8]。

2.2.7 适用范围与互易性

射线法作为高频近似推导出来的声场计算方法,那么自然要关心其适用范围。然而,实际

中很难对其进行精确性预报和判别,其主要原因如下:一者很难定义一个足够精度的近似解作为参考标准;再者,在许多射线编程中存在执行误差,例如没有辨识所有特征声线,以及编程中处理细节问题的方法不尽相同,随着程序的更新迭代,最后使结果差异增大。

但是,还是可以给出一些指导性的判别标准,比如通常引用的标准:声波波长需要大幅小于问题中任一物理尺度,如应远小于水深、海底地形尺度、表面波导结构等。

另一个需要注意的问题是,互易定理在射线法中依然成立,在大量的仿真中会发现,很多时候互易定理可以让仿真进行得更便捷和顺利。在声场中,计算传播时间的积分式与沿声线的积分方向无关,所以要证明声场的互易性只需要证明无论沿声线向哪个方向求积分,其幅度都是独立的即可。该过程的证明读者可参考文献[1],本文在此不再赘述,仅将其结论引用至此。

2.3 模型说明及实例分析

目前射线模型常用的数值解法有两种。第一种方法是利用标准数值积分直接沿声线路径进行数值积分,如龙格-库塔法。这种方法直接对某条特征声线按步长进行数值积分,得到某条声线上的声场情况。由于需要考虑边界处的数值积分步长问题,目前的编程积分方法并不能完全满足要求。第二种方法是把目标区域分成一些小区域,通常是分成三角形或者水平分层,在一个单元内,介质的特性我们认为是不变的,然后求解对应初始条件下在每个单元中的射线模型,最终拼合得到整个声线路径。无论哪种声线求解方法,大多数编码程序都是给出稀疏的声线图,对于强度低于某个阈值的那些声线,将不做描绘。

近年来经常使用的射线模型主要有 RAY,BELLHOP,TRIMAIN,HARPO。RAY 可以计算海底参数对宽带信号传播的影响,海底参数包括压缩波和切变波速度、衰减以及海底密度;BELLHOP 以高斯波束跟踪方法为基础,可以计算水平非均匀环境中的声线轨迹和声场;TRIMAIN 是一个水平变化环境中的声线追踪模型,它将深度-距离平面用三角形区域划分;HARPO 是一个三维声线追踪模型,通过对三维 Hamilton 方程的数值积分得到传播损失。

本文主要以 Bellhop 模型为例,介绍其使用说明。Bellhop 模型是基于高斯束射线跟踪的方法,高斯束射线跟踪法把声束内的每根声线与垂直于该声线的高斯型强度剖面联系起来,只要对决定声束宽度和曲率的两个微分方程与标准射线方程一起进行积分,就可以计算出声束内中心声线附近的声束场。高斯波束技术不局限于水平分层介质,也适合处理声源具有一定指向性的情况。同时,高斯波束的声线可以较平滑地过渡到声影区或穿过焦散线,比常规射线法拥有更好的优越性,其数学推导详见 2.2.6,此处不再赘述。

2.3.1 Bellhop 结构

Bellhop 的整体结构[9]如图 2-2 所示,主要包含输入的环境文件以及相关的执行计算程序,可以简单地理解为 Bellhop 程序对不同的"环境文件"进行计算,得到声场的各种结果,简单概括如图 2-3 所示。其中,环境文件(* . env)是必须的,也是最基本的,通常包含环境参数的整体介绍、声速剖面、海面海底信息等,如对各部分参数有进一步的要求,则需要添加特定的辅助文件,主要有以下几种。

(1)*.ssp:描述二维声速剖面。

(2)*.bty:描述随距离可变的地形信息。

(3)*.trc:描述顶部反射系数。

(4)*.brc:描述底部反射系数。

(5)*.ati:描述海面形状。

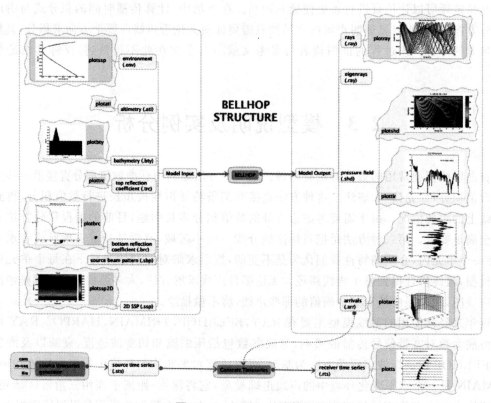

图 2-2　Bellhop 结构图

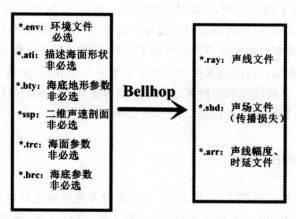

图 2-3　Bellhop 运行流程

经过 Bellhop 计算后的输出文件会根据 *.env 文件中参数的不同产生不同的输出文件,主要有以下几个。

(1) *.prt:该文件描述 Bellhop 程序运行的结果,无论运行成功与否都会显示,是程序员检查程序 Bug 的途径之一。

(2) *.ray:当 *.env 文件中选择生成射线或者特征声线时会生成该输出文件,可以使用 plotray.m 程序进行读取,描绘声线或本征声线。

(3) *.shd:当 *.env 文件中选择生成传播损失时会生成该输出文件,可以使用 plotshd.m 程序进行读取,描绘二维声场。

(4) *.arr:当 *.env 文件中选择需要得到声线传播时延、幅度等信息时,会生成该输出文件,可以使用 plotarr.m 程序进行读取描绘。

至于 *.env 文件中不同需求的选择详见下文。另外,Bellhop 自带的画图程序主要还有以下几个。

(1)Plotssp:画声速剖面。

(2)Plottlr:画指定深度上随距离变化的传播损失。

(3)Plottld:画指定距离上随深度变化的传播损失。

2.3.2　Bellhop 环境文件说明

环境文件(*.env)是 Bellhop 程序必须的,也是最基本的,下面我们就从环境文件开始介绍 Bellhop 的使用,为了方便理解,以下摘录一个环境文件的例子,以此进行逐项介绍。

```
%* * * * * * * * * * * * 环境文件_开始 * * * * * * * * * * * * * * * *
'bellhop_data'           ! TITLE
500.00                    ! FREQ (Hz)
1                        ! NMEDIA
'CVW'                    ! SSPOPT (Analytic or C - linear interpolation)
0  0.0 4000.000000       ! DEPTH of bottom (m)
0    1548.52/
20   1545.76/
40   1543.13/
60   1540.61/
80   1538.21/
100 1535.92/
120 1533.74/
140 1531.67/
160 1529.69/
180 1527.81/
200 1526.01/
250 1521.91/
300 1518.30/
```

```
350 1515.14/
400 1512.38/
450 1510.00/
500 1507.94/
600 1504.70/
700 1502.46/
800 1501.02/
900 1500.24/
1000    1500.00/
1100    1500.21/
1200    1500.78/
1300    1501.65/
1400    1502.76/
1500    1504.07/
2000    1512.55/
2500    1522.66/
3000    1533.37/
3500    1544.29/
4000    1555.30/
'A'     0.0                          ! BOTOPT   SIGMA(m)
4000.0 1600.0        0.6   1.3   0.4   /
1                        ! NSD
200.000    /             ! SD(1:NSD)(m)
201                      ! NRD
0.000   4000.000   /     ! RD(1:NRD)(m)
101                      ! NRR
0.000   100.000    /     ! RR(1:NRR)(km)
'R'                      ! Run - type:R/C/I/S
0                        ! NBEAMS
-60.000   60.000 /       ! ALPHA(1:NBEAMS)(degrees)
0.000   4100.000   101.000  ! STEP(m)   ZBOX(m)   RBOX(km)
%* * * * * * * * * * * * *环境文件_结束* * * * * * * * * * * * * * *
```

从上到下各行定义如下:

(1)标题项(Title):文件名,仅标示作用,不具备环境参数的作用。

(2)频率(Frequency):频率。

(3)传播介质数:在 Bellhop 中通常设为 1。

(4)声速信息,该部分由五个字母表示。

1)第一位可选字母 5 个,表示声速插值的计算方法:

C:表示 C 型线性插值;

N:表示 N2 线性插值;

S:表示三次样条插值;

A:表示分析插值,需要进一步编译;

Q:表示有二维声速剖面,需要 ＊.ssp 文件提供二维声速信息。

2)第二位可选字母 4 个,表示海水表面类型:

V:表示真空类型;

R:表示完全刚性界面;

A:表示声学半空间;

F:表示需要从 ＊.trc 文件读取。

3)第三位可选字母 5 个,表示衰减的单位:

F:(dB/m)kHz;

M:dB/m;

N:Nepers/m;

Q:Q - factor;

W:dB/wavelength。

4)可空置:若要描述声音的 Thope Volume(体积)衰减,则设置为"T"。

5)可空置:若设置为"＊",则表示从 ＊.ati 文件读取描述海面边界形状的数据。

(5)此行能用到的且非常重要的一个参数是海底深度(例子中为 4 000 m),这决定了接下来要读取的声速剖面的深度,也即声速剖面的深度不能大于该深度。此行的前两个参数在 Bellhop 中用不到,是其他模型使用的,可统一设为 0。

(6)接下来为声速剖面信息:当上面的海水表面类型为"A"时,需要录入以下信息:

深度　纵波声速　横波声速　表面密度　纵波吸收系数　横波吸收系数。

输入"/"表示该行输入完毕;当海水表面类型不为"A"时,则只需要用到前两项参数,格式如下:

深度　声速　/。

(注:声速剖面的读取将以上一行确定的海底深度为准则,如例子中海底深度为 4 000 m,则程序读取环境文件中声速剖面时会读到"4000.0　1527.40582 /"这行终止;另一点需要注意的是,声速剖面的信息中不能出现深度重复的情况。)

(7)该行表示水体下介质信息,即海底信息,该部分由两个字母表示。

1)第一位可选字母 4 个,表示介质类型:

V:表示真空类型;

R:表示完全刚性界面;

A:表示声学半空间;

F:表示需要从 ＊.brc 文件读取。

2)可空置,若为空,则表示海底为平坦海底;若为"＊",则表示海底地形需要从 ＊.bty 文件读取。

(8)接下来为海底底质信息,格式同声速剖面一样。

(9)声源个数。

(10)声源深度,若声源个数为多个,则此行填最浅和最深深度,程序会按声源个数在两深度间等间隔取样。

（11）接收深度个数。

（12）接收深度，格式同声源深度。

（13）接收距离个数。

（14）接收距离：格式同声源深度。

（15）该行表示文件输出类型，即决定了程序计算结果的类型，由五个字母控制。

1）第一位可选字母有 6 个，表示输出类型：

R：输出为射线文件 *.Ray，画声线图；

E：输出为本征声线，文件格式还是 *.ray；

A：输出为声线幅度和时间信息，文件格式 *.arr；

C：输出为相干声压计算的声场，文件格式 *.shd，画传播损失；

I：输出为非相干声压计算的声场，文件格式 *.shd；

S：输出为半相干声压计算的声场，文件格式 *.shd。

2）第二位可选字母有 4 个，表示声场计算方法：

G：表示几何声束；

C：表示笛卡尔声束；

R：表示声线中心波束；

B：表示高斯波束，默认波束为"B"高斯波束。

3）表示波束位移效应，通常为空（默认值），也可使用 *.sbp 文件。

4）第四位可选字母 2 个，表示声源类型（可空置）：

R：表示圆柱坐标中的点声源（默认值）；

X：表示笛卡尔坐标系中的线声源。

5）第五位可选字母 2 个，表示接收点分布格式（可空置）：

R：表示直线型网格接收分布（默认值）；

I：表示不规则网格接收分布。

（注：在大部分的计算需求中，该行只需要用到第一、二位字母，后三位多为空置。若使用了后三个字母参数，则后续还会有新的环境参数加入，此情况在此不进行过多说明。上例中，只给出了第一位字母 R，表示输出射线文件，后四位均进行了空置（即采用默认值）。）

（16）声线束个数。

（17）声线出射角度，此处需要注意的是出射角向下为正，向上为负。

（18）声线跟踪步长（若设为 0，则 Bellhop 会自动选择步长）；最大接收深度；最远接收距离。

2.3.3　仿真算例

这里提供一个下载声场计算模型的网址：http://oalib.hlsresearch.com/，射线模型、简正波模型、抛物方程模型等都可以在这个网站上下载，当然读者也可以通过其他途径下载声场模型。

下面，我们给出一个完整的完成声场计算的过程。首先需要一个已经编译好的环境文件，如上节所示的例子,设其文件名为 Bellhop_data.env。在进行一个声场建模前,通常需要先看一下声速剖面信息,画声速剖面很简单,只需要用到模型自带的 plotssp.m 函数,调用格式如下:

$plotssp('Bellhop\_data.env')$;或 $plotssp('Bellhop\_data')$;

上例得到的声速剖面如图 2-4 所示,这是典型的深海 Munk 剖面,即具有鲜明的深海声道轴,声道轴处声速最小,其上部分声速随深度增加呈负梯度变化,其下部分声速随深度增加呈正梯度变化,其中声道轴下方声速等于表面声速的深度即被称为临界深度。

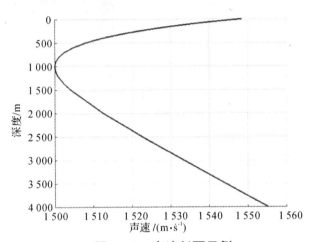

图 2-4 声速剖面示例

接下来,我们试着画一下声场声线图,参数设计如上例所示,程序调用格式如下:
$bellhop('Bellhop\_data')$;

这里对声线图影响较大的主要为出射角度范围,图 2-5 中(a)(b)所示分别为出射角 $-60°\sim60°$ 和 $-30°\sim30°$ 的情况,从近场可以看出后者的出射声线比前者少了很多。这里需要说明的是,程序实际上计算的是全声场的信息,图像只是选择了部分声线进行了显示,所以会出现(b)图中远场上的声线看上去比(a)中更密集的现象。

与上面对应的,当进行特征声线计算时,程序则只计算特定接收点上的声线。将上例中的 Run-type 参数改为"E",接收点进行重新调整如下:

```
%************计算特征声线参数变更部分************
1                              ! NSD
200.000    /                   ! SD(1:NSD) (m)
2                              ! NRD
1000.000   3000.000   /         ! RD(1:NRD) (m)
1                              ! NRR
50.000    /                    ! RR(1:NRR) (km)
'E'                            ! Run-type:R/C/I/S
0                              ! NBEAMS
-60.000   60.000   /           ! ALPHA(1:NBEAMS) (degrees)
%**********************************************
```

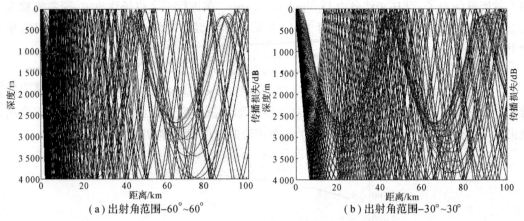

（a）出射角范围-60°~60° （b）出射角范围-30°~30°

图 2-5　声场声线图

进行特征声线的计算，图 2-6 中（a）（b）所示分别为设置一个接收点（RD3000m，RR50km）和两个接收点（RD1000、3000m，RR50km）的特征声线情况。与图 2-5 的明显区别是，该情况程序只针对性地画出了通过特定接收位置的声线，可以发现，图 2-6 中所有声线最后都聚焦到环境文件指定的位置。

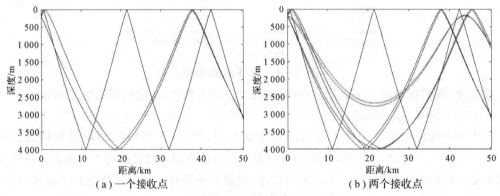

（a）一个接收点 （b）两个接收点

图 2-6　特征声线图

接下来我们对画传播损失（即常说的二维声场图）的情况进行演示，此时的 Run-type 为 C/I/S，分别代表相干声场/非相干声场/半相干声场，环境参数变更如下：

```
% * * * * * * * * * * * * * * * * * *二维声场参数* * * * * * * * * * * * * * *
1                          ! NSD
200.000     /              ! SD(1:NSD)（m）
201                        ! NRD
0.000    4000.000   /               ! RD(1:NRD)（m）
101                        ! NRR
0.000    100.000   /        ! RR(1:NRR)（km）
'C'                        ! Run-type：R/C/I/S
0                          ! NBEAMS
-80.000   80.000 /          ! ALPHA(1:NBEAMS)（degrees）
0.000   4100.000   101.000       ! STEP（m）  ZBOX（m）   RBOX（km）
```

％ ＊ ＊ ＊ ＊ ＊ ＊ ＊ ＊ ＊ ＊ ＊ 环境文件_结束 ＊ ＊ ＊ ＊ ＊ ＊ ＊ ＊ ＊ ＊ ＊ ＊ ＊

计算成果为生成相应的 Bellhop_data. shd 文件,使用 plotshd. m 函数可以画出声场图,调用格式如下:

Plotshd('*Bellhop_data. shd*');

图 2-7 中(a)(b)(c)所示分别为声场全相干、非相干、半相干设置下的声场图。

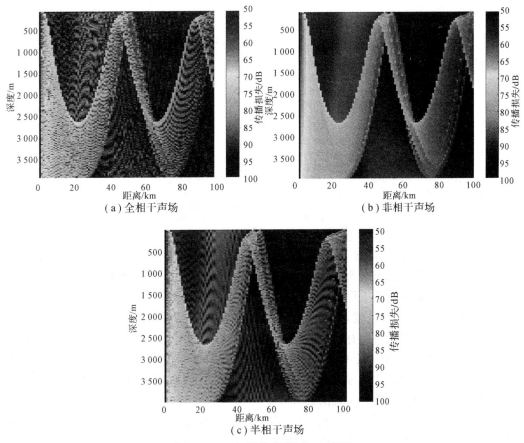

（a）全相干声场 （b）非相干声场

（c）半相干声场

图 2-7 声场传播损失二维图

这里再提示一个常用函数 read_shd. m,该函数是模型自带的用于读取 ＊. shd 文件的,调用方法可详见函数说明。

还有一个类型,即关于声线到达结构信息的,此时环境文件中的 Run-type 改为"A",输出文件为 ＊. arr 文件,简单地给出一个例子,如将环境文件部分参数改为如下:

```
％ ＊ ＊ ＊ ＊ ＊ ＊ ＊ ＊ ＊ ＊ ＊ 声线到达结构参数 ＊ ＊ ＊ ＊ ＊ ＊ ＊ ＊ ＊ ＊ ＊
1                              ! NSD
200.000    /                   ! SD(1:NSD) (m)
2                              ! NRD
1000 3000.000    /             ! RD(1:NRD) (m)
3                              ! NRR
5  15.000    /                 ! RR(1:NRR) (km)
'A'                            ! Run-type:R/C/I/S
```

```
0                               ! NBEAMS
-60.000  60.000 /               ! ALPHA(1:NBEAMS) (degrees)
```
%＊＊＊＊＊＊＊＊＊＊＊＊＊＊＊＊＊＊＊＊＊＊＊＊＊＊＊＊＊＊＊＊＊＊

运行 Bellhop,可得到输出文件 Bellhop_data.arr,其内容格式如图 2-8 所示。

```
500.00000000000000           1           2           3
200.00000
1000.0000       3000.0000
5000.0000       10000.000      15000.000
   10
    4
1.71562297E-05   182.10516    5.7567239    -55.116745    -55.792191      1      1
1.67977021E-04   180.00000    3.3863688    -12.768513     16.519665      1      0
2.35916741E-04   0.0000000    3.3570354     4.0426950     11.315413      0      0
1.79378494E-05   2.1949439    5.5458655     53.595730    -54.309376      0      1
    8
1.11677230E-06   543.80658    13.081817    -59.679787     60.246742      3      2
1.24376731E-06   364.07053    11.955133    -56.557705    -57.197823      2      2
1.19153028E-05   363.10666    8.9355335    -42.388260     43.442856      2      1
1.41435430E-05   184.17206    8.0915956    -35.583721    -36.921604      1      1
1.48091513E-05   4.5460062    7.9450097     34.062710    -35.475101      0      1
1.23104364E-05   183.27612    8.7636089     41.187458     42.287163      1      1
1.27368855E-06   184.14668    11.739423     55.917278    -56.572582      1      2
1.14062368E-06   363.85672    12.858205     59.199467     59.777649      2      2
```

图 2-8 ＊.arr 文件格式范例

文件开始部分为关于声源及接收点的信息,与环境文件中相对应。如第一行为频率 500 Hz,声源 1 个,接收深度 2 个,接收距离 3 个。紧接着的三行则为声源深度、接收深度、接收距离。再往下就是我们希望得到的声线到达结构信息,如例子中情况,2 个接收深度,3 个接收距离,则会产生 6 个接收位置,文件会得到 6 组接收点处的所有特征声线信息。图中第五行的"10"表示这 6 个接收点中拥有特征声线数最多的情况为 10 条。随后,便是第一个接收点的特征声线情况,可以看到第一个接收点有 4 条特征声线,随后的四行即是每条声线的到达结构,每条声线包含的信息为"信号幅度信息、信号相位信息、到达时延、声源处出射角、接收处入射角、与海面接触次数、与海底接触次数"。

以此类推,文件剩余信息即为所有接收点处的特征声线信息。使用 plotarr.m 函数画出上例中第一个接收点处声线到达结构,如图 2-9 所示。

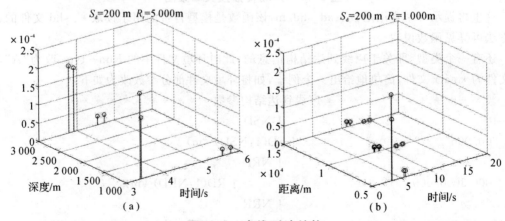

图 2-9 声线到达结构

图中可以清晰地看到声线多途到达结构,图 2-9(a)所示为固定接收距离上各接收深度处的到达时间及幅度信息,图 2-9(b)所示为固定接收深度上各接收距离处的到达时间及幅度信息。这也是射线模型通常用于研究水下多途特征的优势所在。

下面再介绍一个实际中常用的情况:添加地形信息。地形信息需要通过一个 *.bty 文件添加,此时的环境文件中海底类型一行需要改为"A *",如下:

```
% * * * * * * * * * * * 添加地形参数更改 * * * * * * * * * * * * * * * * * *
'A *'  0.0                    ! BOTOPT  SIGMA(m)
4000.000000 1600.00  0.6  1.3  0.4  /

% * * * * * * * * * * * * * * * * * * * * * * * * * * * * * * * * * * * *
```

地形文件可以手动编译,也可以用程序写入,比如我们简单地手写一个,新建一个 txt 文档或者写字板文档,编入以下地形信息:

```
% * * * * * * * * * * * 添加地形参数更改 * * * * * * * * * * * * * * * * * *
'L'
5
20    3000
30    2000
35    2000
40    2500
50    3000
% * * * * * * * * * * * * * * * * * * * * * * * * * * * * * * * * * * * *
```

其中,"L"为插值类型,表示线性插值;"5"为距离参数个数,剩下的为 5 * 2 的矩阵,第一列代表距离(单位:km),第二列为对应距离上的深度(单位:m)。编辑好后,保存为 *.bty 文件即可,文件名要与环境文件一样,对应上例为 Bellhop_data.bty。图 2-10 中(a)(b)给出加入地形后的声线图和声场图情况。

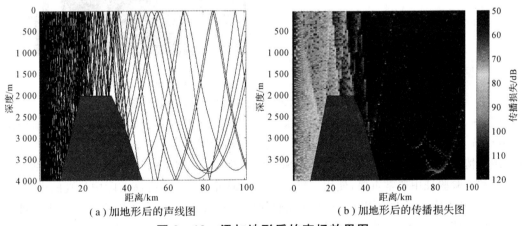

(a)加地形后的声线图　　　　　　　　(b)加地形后的传播损失图

图 2-10　添加地形后的声场效果图

从图 2-10 可以明显看出地形对声线的阻挡作用,大部分声线被海底山拦截在了近场,导致近场能量大,传播损失小,远场能量小,传播损失显得更大。Bellhop 模型对声线直观的描述方式非常适合用于研究海底地形对声传播的影响。

最后,我们再介绍一下怎么添加二维声速剖面,此时在环境文件中的声速剖面控制一行,

需要将第一项字母设为"Q",如下:

```
%******添加声速剖面、参数变更***************
'QVW'                    ! SSPOPT (Analytic or C - linear interpolation)
%******************************************
```

另外,需要编译一个提供声速剖面的文档 ∗.ssp,其格式如下:

```
%*******声速剖面文档示意*****************
N                        ! 声速剖面个数
r(1)r(2)……r(N)                    ! 声速剖面分布的距离
c(1,1)    c(1,2)    ……    c(1,N)
c(2,1)    c(2,2)    ……    c(2,N)
……
……
c(M,1)    c(M,2)    ……    c(M,N)    ! 各对应距离上的声速剖面,M 为深度个数,与
```
环境文件中的深度相对应。
```
%*****************************************
```

编译完毕,保存为 ∗.ssp 格式,文件名要与环境文件一致。使用 plotssp2D. m 函数可以画出二维声场,给出例子如图 2 - 11 所示。

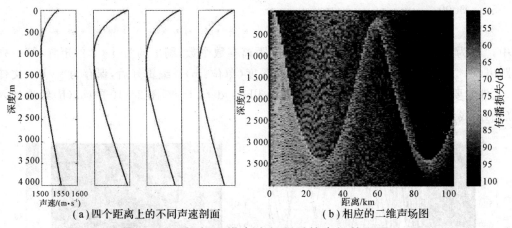

(a) 四个距离上的不同声速剖面 　　　　(b) 相应的二维声场图

图 2 - 11　添加二维声速剖面后的声场效果图

图 2 - 11(a) 所示为 0 km,5 km,10 km,15 km 距离上的不同声速剖面,声道轴分别为 1 000 m,1 100 m,1 200 m,1 300 m,其对应的声场图如图 2 - 11(b) 所示,与 2 - 7(a) 相比可明显发现该情况下会聚区变远了,这就是声速剖面变化带来的影响之一。精确的声速剖面信息在仿真和实验验证中非常重要,使用二维的声速剖面可以进一步提高实际中仿真的可靠度。

至此,基本完成了对 Bellhop 模型较完整的使用演示,以上内容可以满足实际中大部分的仿真操作。那么,关于 Bellhop 模型更深入的功能使用(如海面状态、海底衰减、声源类型等等)留待读者自行摸索。

附录 雅可比行列式的一个有用特性

在求解迁移方程时，我们利用了雅可比行列式表示的 τ 的关系式(2-23)。现在就二维情况证明这个关系式。对于二维情况，雅可比行列式定义为

$$J(s,\theta_0) = \frac{\partial x}{\partial s}\frac{\partial y}{\partial \theta_0} - \frac{\partial y}{\partial s}\frac{\partial x}{\partial \theta_0} \tag{2-48}$$

式(2-48)对 s 求导，可得

$$\frac{\partial J}{\partial s} = \frac{\partial^2 x}{\partial s^2}\frac{\partial y}{\partial \theta_0} + \frac{\partial^2 y}{\partial \theta_0 \partial s}\frac{\partial x}{\partial s} - \frac{\partial^2 y}{\partial s^2}\frac{\partial x}{\partial \theta_0} - \frac{\partial^2 x}{\partial \theta_0 \partial s}\frac{\partial y}{\partial s} \tag{2-49}$$

而利用链锁法则可写成

$$\begin{aligned}
\frac{\partial J}{\partial s} = &\left[\frac{\partial}{\partial x}\left(\frac{\partial x}{\partial s}\right)\frac{\partial x}{\partial s} + \frac{\partial}{\partial y}\left(\frac{\partial x}{\partial s}\right)\frac{\partial y}{\partial s}\right]\frac{\partial y}{\partial \theta_0} + \\
&\left[\frac{\partial}{\partial x}\left(\frac{\partial y}{\partial s}\right)\frac{\partial x}{\partial \theta_0} + \frac{\partial}{\partial y}\left(\frac{\partial y}{\partial s}\right)\frac{\partial y}{\partial \theta_0}\right]\frac{\partial x}{\partial s} - \\
&\left[\frac{\partial}{\partial x}\left(\frac{\partial y}{\partial s}\right)\frac{\partial x}{\partial s} + \frac{\partial}{\partial y}\left(\frac{\partial y}{\partial s}\right)\frac{\partial y}{\partial s}\right]\frac{\partial x}{\partial \theta_0} - \\
&\left[\frac{\partial}{\partial x}\left(\frac{\partial x}{\partial s}\right)\frac{\partial x}{\partial \theta_0} + \frac{\partial}{\partial y}\left(\frac{\partial x}{\partial s}\right)\frac{\partial y}{\partial \theta_0}\right]\frac{\partial y}{\partial s}
\end{aligned} \tag{2-50}$$

将上式中一些项消去后即得

$$\frac{\partial J}{\partial s} = \left[\frac{\partial}{\partial x}\left(\frac{\partial x}{\partial s}\right) + \frac{\partial}{\partial y}\left(\frac{\partial y}{\partial s}\right)\right]\left(\frac{\partial x}{\partial s}\frac{\partial y}{\partial \theta_0} - \frac{\partial y}{\partial s}\frac{\partial x}{\partial \theta_0}\right) \tag{2-51}$$

最左边小括号中的项正是雅可比行列式，因此式(2-51)可重写成

$$\frac{\mathrm{d}J}{\mathrm{d}s} = \left(\nabla \cdot \frac{\mathrm{d}\boldsymbol{x}}{\mathrm{d}s}\right)J \tag{2-52}$$

因为现在不再对 θ_0 的求导，所以我们把 θ_0 当作 $J(s,\theta_0)$ 的一个参数来处理，并用常导数取代了偏导数。现在，通过对 J/c 的简单求导而得到

$$\frac{\mathrm{d}}{\mathrm{d}s}\left(\frac{J}{c}\right) = \frac{\mathrm{d}}{\mathrm{d}s}\left(\frac{1}{c}\right)J + \frac{1}{c}\frac{\mathrm{d}J}{\mathrm{d}s} \tag{2-53}$$

接着将式(2-52)代入式(2-53)，即得

$$\begin{aligned}
\frac{\mathrm{d}}{\mathrm{d}s}\left(\frac{J}{c}\right) &= \left[\frac{\mathrm{d}}{\mathrm{d}s}\left(\frac{1}{c}\right) + \frac{1}{c}\nabla \cdot \frac{\mathrm{d}\boldsymbol{x}}{\mathrm{d}s}\right]J \\
&= \left[\nabla\left(\frac{1}{c}\right) \cdot \frac{\mathrm{d}\boldsymbol{x}}{\mathrm{d}s} + \frac{1}{c}\nabla \cdot \frac{\mathrm{d}\boldsymbol{x}}{\mathrm{d}s}\right]J \\
&= \left[\nabla \cdot \left(\frac{1}{c}\frac{\mathrm{d}\boldsymbol{x}}{\mathrm{d}s}\right)\right]J
\end{aligned} \tag{2-54}$$

由于 $\mathrm{d}\boldsymbol{x}/\mathrm{d}s$ 与相位 τ 的梯度具有式(2-15)的关系，故有

$$\frac{\mathrm{d}}{\mathrm{d}s}\left(\frac{J}{c}\right) = (\nabla \cdot \nabla\tau)J \tag{2-55}$$

这样我们就得到 τ 与雅可比行列式的下述简单关系：

$$\nabla^2\tau = \frac{1}{J}\frac{\mathrm{d}}{\mathrm{d}s}\left(\frac{J}{c}\right) \tag{2-56}$$

参 考 文 献

[1] JENSEN F B, PORTER M B, SCHMIDT H, et al. Computational Ocean Acoustics [M]. New York: Springer, 2011.

[2] BERON - VERA F J, BROWN M G. Ray stability in weakly range - dependent sound channels[J]. Journal of the Acoustical Society of America, 2003, 114(1):123 - 130.

[3] TINDLE F D. Improved Ray Calculations in Shallow Water[J]. Journal of the Acoustical Society of America, 1981, 70(3):813 - 819.

[4] LAWRENCE M W. Ray Theory Modeling Applied to Low - Frequency Acoustic Interaction with Horizontally Stratified Ocean Bottoms[J]. Journal of the Acoustical Society of America, 1985, 78(2):125 - 133.

[5] KILFOYLE D B, PREISIG J C, BAGGEROER A B. Spatial Modulation Experiments in the Underwater Acoustic Channel[J]. IEEE Journal of Oceanic Engineering, 2005, 30(2):406 - 415P.

[6] ČERVENY V. Ray tracing algorithms in three - dimensional laterally varying layered structures. Seismic Tomography, ed. by G. Nolet, Reidel, Boston, MA, 1987.

[7] ČERVENY V, PRPOV M M. Computation of wave fields in inhomogeneous media — Gaussian beam approach[J]. Geophysical Journal Royal Astronomical Society, 1982 (70):109 - 127.

[8] PORTER M B, BUCKER H P. Gaussian beam tracing for computing ocean acoustic fields[J]. Journal of the Acoustical Society of America, 1987(82):1349 - 1359.

[9] PORTER M B. The BELLHOP Manual and User's Guide: PRELIMINARY DRAFT [M]. La Jolla, CA, USA: Heat Light, and Sound Research, Inc. , 2011.

第三章　简正波模型

3.1　概　　述

声波是目前唯一能够在海水介质中进行远距离传播的有效信号载体,水下声传播建模理论是水下作战环境研究的基本内容之一,对现代声呐的设计和使用及水面水下作战部署具有重要意义。1919 年德国人发表了第一篇关于水声的论文,从此之后,声波在海洋中传播问题的研究随即开始,两次世界大战的爆发更是促进了水声学的发展,人们认识了声在水中的传播机理,逐步建立起水声学研究的理论体系,使其成为人们认识和了解海洋进而开发和利用海洋的又一有效途径,并发展成为一门独立的新兴交叉学科。水声传播建模理论的研究始于 20 世纪 60 年代,最初只有射线理论和水平分层的简正波理论,它们处理问题的能力有限,只能计算水平不变问题。从 20 世纪 70 年代开始,出现了抛物方程及耦合简正波理论,可以处理水平变化的二维声传播问题。近半个世纪以来,国内外都投入了相当大的力量,在建模理论和响应的计算方法方面取得了许多重大进展。

简正波理论在海洋声学中是一种主要的计算方法,已经发展得比较完善,并且得到了广泛的运用,目前有相当多的简正波计算程序,如 KRAKEN,SNAP,COUPLE 等。简正波模型建立在与距离无关的假设基础上,要把简正波模型扩展成与距离有关的模型,有"绝热近似"和"模式耦合"方法。绝热简正波方法是从薛定谔方程的有关研究中引入水声研究之中的,其基本假设是声波在声道中的简正波保持绝热耦合,即简正波之间没有能量交换,它的优点是计算量小,计算速度快,然而由于它忽略了简正波之间的能量交换,因此只适合解决声道在水平方向变化比较缓慢的一些问题。

简正波方法在水声学中已使用许多年了。早期的并被广泛引用的一篇文献出自 Pekeris[1] 的著作,他提出了比较简单的两层海洋介质分层模型的理论。Post 等[2] 利用简正波方法对低频声传播问题进行了研究。而 Williams[3] 则在一篇高水平的概述性文章中给出了在简正波方法研究方面取得的进展。现有的数值技术能够处理具有任意层数的液体层和黏弹性层的问题。

3.2　数　学　推　导

3.2.1　柱面几何结构中的点源

首先,让我们从声速和密度只与深度 z 有关的二维亥姆霍兹方程着手进行数学推导,即

$$\frac{1}{r}\frac{\partial}{\partial r}\left(r\frac{\partial p}{\partial r}\right)+\rho(z)\frac{\partial}{\partial z}\left(\frac{1}{\rho(z)}\frac{\partial p}{\partial z}\right)+\frac{\omega^2}{c^2(z)}p=-\frac{\delta(r)\delta(z-z_s)}{2\pi r} \tag{3-1}$$

利用变量分离技术，便可以按照以下形式找出非强迫方程的解：$p(r,z)=\Phi(r)\Psi(z)$。将其代入式(3-1)，并除以 $\Phi(r)\Psi(z)$，得

$$\frac{1}{\Phi}\left[\frac{1}{r}\frac{\mathrm{d}}{\mathrm{d}r}\left(r\frac{\mathrm{d}\Phi}{\mathrm{d}r}\right)\right]+\frac{1}{\Psi}\left[\rho(z)\frac{\mathrm{d}}{\mathrm{d}z}\left(\frac{1}{\rho(z)}\frac{\mathrm{d}\Psi}{\mathrm{d}z}\right)+\frac{\omega^2}{c^2(z)}\Psi\right]=0 \tag{3-2}$$

方括号中的内容分别是 r 和 z 的函数，所以不难看出，使该方程能够得到满足的唯一条件是让每个部分都为常数。在这里，我们采用 k_{rm}^2 来表示这一分离常数，便能够得到如下的模态方程：

$$\rho(z)\frac{\mathrm{d}}{\mathrm{d}z}\left[\frac{1}{\rho(z)}\frac{\mathrm{d}\Psi_m(z)}{\mathrm{d}z}\right]+\left[\frac{\omega^2}{c^2(z)}-k_{rm}^2\right]\Psi_m(z)=0 \tag{3-3}$$

其中，

$$\Psi(0)=0,\frac{\mathrm{d}\Psi}{\mathrm{d}z}\bigg|_{z=D}=0 \tag{3-4}$$

式(3-3)中，$\Psi_m(z)$ 表示用分离常数为 k_{rm} 时的 $\Psi(z)$。这样的边界条件表明在 $z=0$ 处为压力释放表面，在 $z=D$ 处为理想的刚性海底。

上述模态方程是经典的 Strum-Liouville 特征值问题。下面，我们可以进行一番假设，假定 $\rho(z)$ 和 $c(z)$ 是实函数，如此便能够将 Strum-Liouville 特征值问题的一些特性做一些简要的描述：模态方程有无限个类似于振动弦的模态解；模态用模态形状函数 $\Psi_m(z)$ 和水平传播常数 k_{rm} 表征；这些水平传播常数类似于振动频率，而这一频率各不相同；函数 $\Psi_m(z)$ 是特征函数，k_{rm} 或 k_{rm}^2 为特征值；第 m 阶模态在 $[0,D]$ 区间内有 m 个零点；相应的特征值全为实数，且次序为 $k_{r1}^2>k_{r2}^2>\cdots$。另外，我们还可以证明，所有的特征值都小于 $\omega/c_{\min}$。这里 $c_{\min}$ 是所讨论问题中的最小声速。需要指出的是，这类 Strum-Liouville 问题的模态是正交的，即

$$\int_0^D\frac{\Psi_m(z)\Psi_n(z)}{\rho(z)}\mathrm{d}z=0,\qquad m\neq n \tag{3-5}$$

从式(3-3)能够看出，模态方程的解对于乘法常数是不定的。为了简化某些结果，我们假定模态是按照比例进行标度的(归一化的)，使得

$$\int_0^D\frac{\Psi_m^2(z)}{\rho(z)}\mathrm{d}z=1 \tag{3-6}$$

这些模态构成了一个完备集，这就说明，任意的函数都能够表示成简正波模态之和。比如，我们可以把声压写作

$$p(r,z)=\sum_{m=1}^{\infty}\Phi_m(r)\Psi_m(z) \tag{3-7}$$

将其代入式(3-1)，得到

$$\sum_{m=1}^{\infty}\left\{\frac{1}{r}\frac{\mathrm{d}}{\mathrm{d}r}\left(r\frac{\mathrm{d}\Phi_m(r)}{\mathrm{d}r}\right)\Psi_m(z)+\Phi_m(r)\left[\rho(z)\frac{\mathrm{d}}{\mathrm{d}z}\left(\frac{1}{\rho(z)}\frac{\mathrm{d}\Psi_m(z)}{\mathrm{d}z}\right)+\frac{\omega^2}{c^2(z)}\Psi_m(z)\right]\right\}$$
$$=-\frac{\delta(r)\delta(z-z_s)}{2\pi r} \tag{3-8}$$

方括号中的项还可利用模态方程(3-3)进一步简化，进而得到

$$\sum_{m=1}^{\infty}\left\{\frac{1}{r}\frac{\mathrm{d}}{\mathrm{d}r}\left(r\frac{\mathrm{d}\Phi_m(r)}{\mathrm{d}r}\right)\Psi_m(z)+k_{rm}^2\Phi_m(r)\Psi_m(z)\right\}=-\frac{\delta(r)\delta(z-z_s)}{2\pi r} \tag{3-9}$$

紧接着,对式(3-9)进行如下运算:

$$\int_0^D (\bullet) \frac{\Psi_n(z)}{\rho(z)} \mathrm{d}z \tag{3-10}$$

因为其具有式(3-5)所示的正交性,故求和式中只有第 n 项保留了下来,从而得到

$$\frac{1}{r} \frac{\mathrm{d}}{\mathrm{d}r} \left[r \frac{\mathrm{d}\Phi_n(r)}{\mathrm{d}r} \right] + k_m^2 \Phi_n(r) = -\frac{\delta(r)\Psi_n(z_s)}{2\pi r\rho(z_s)} \tag{3-11}$$

这是一个标准方程,其解可用汉克尔函数表示为

$$\Phi_n(r) = \frac{\mathrm{i}}{4\rho(z_s)} \Psi_n(z_s) \mathrm{H}_0^{(1,2)}(k_m r) \tag{3-12}$$

其中,选择 $\mathrm{H}_0^{(1)}$ 还是 $\mathrm{H}_0^{(2)}$ 取决于辐射条件,辐射条件规定:当 $r \to \infty$ 时,能量为向外辐射。因为我们已省去了表示时间关系的项 $\exp(-\mathrm{i}\omega t)$,故而采用第一类汉克尔函数。由此我们便能够得到

$$p(r,z) = \frac{\mathrm{i}}{4\rho(z_s)} \sum_{m=1}^{\infty} \Psi_m(z_s)\Psi_m(z) \mathrm{H}_0^{(1)}(k_{rm} r) \tag{3-13}$$

如若我们采用汉克尔函数的渐近近似式,上式就变为

$$p(r,z) \approx \frac{\mathrm{i}}{\rho(z_s)\sqrt{8\pi r}} \mathrm{e}^{-\mathrm{i}\pi/4} \sum_{m=1}^{\infty} \Psi_m(z_s)\Psi_m(z) \frac{\mathrm{e}^{\mathrm{i}k_{rm} r}}{\sqrt{k_{rm}}} \tag{3-14}$$

传播损失的定义是

$$TL(r,z) = -20\lg \left| \frac{p(r,z)}{p_0(r=1)} \right| \tag{3-15}$$

其中,

$$p_0(r) = \frac{\mathrm{e}^{\mathrm{i}k_0 r}}{4\pi r} \tag{3-16}$$

表示的是自由空间中点源的声压。于是我们可以写出

$$TL(r,z) \approx -20\lg \left| \frac{1}{\rho(z_s)} \sqrt{\frac{2\pi}{r}} \sum_{m=1}^{\infty} \Psi_m(z_s)\Psi_m(z) \frac{\mathrm{e}^{\mathrm{i}k_{rm} r}}{\sqrt{k_{rm}}} \right| \tag{3-17}$$

此外,非相干传播损失的定义为

$$TL_{Inc}(r,z) \approx -20\lg \frac{1}{\rho(z_s)} \sqrt{\frac{2\pi}{r}} \sqrt{\sum_{m=1}^{\infty} \left| \Psi_m(z_s)\Psi_m(z) \frac{\mathrm{e}^{\mathrm{i}k_{rm} r}}{\sqrt{k_{rm}}} \right|^2} \tag{3-18}$$

在把理论值与已经对频率取平均的测量数据进行对比时,通常可以用非相干模态之和来模拟所得到的平滑传播损失。在通常情况下,非相干传播损失在简正波模态与海底存在互作用的浅海问题中也是十分适用的。在实际中,对海底特性知之甚少,因此,由相干传播损失计算得出的干涉图样往往也并不具有物理意义。

3.2.2　平面几何结构中的线源

点源适用于一般的水声学实际问题,但为了在模型间进行相互比较,有时在平面几何结构中也会使用线源。当然,其推导过程与点源情况不尽相同。将亥姆霍兹方程重写如下:

$$\frac{\partial^2 p}{\partial x^2} + \rho(z) \frac{\partial}{\partial z} \left(\frac{1}{\rho(z)} \frac{\partial p}{\partial z} \right) + \frac{\omega^2}{c^2(z)} p = -\delta(x)\delta(z-z_s) \tag{3-19}$$

接着,按照如下形式求解:

$$p(x,z) = \sum_{m=1}^{\infty} \Phi_m(x)\Psi_m(z) \tag{3-20}$$

式中,$\Psi_m(z)$ 表示的是深度分离方程(3-3)的普通特征函数。将式(3-20)代入方程(3-19)得

$$\sum_{m=1}^{\infty}\left\{\frac{\mathrm{d}^2\Phi_m(x)}{\mathrm{d}x^2}\Psi_m(z) + \Phi_m(x)\left[\rho(z)\frac{\mathrm{d}}{\mathrm{d}z}\left(\frac{1}{\rho(z)}\frac{\mathrm{d}\Psi(z)}{\mathrm{d}z}\right) + \frac{\omega^2}{c^2(z)}\Psi_m(z)\right]\right\}$$
$$= -\delta(x)\delta(z-z_s) \tag{3-21}$$

方括号中的项可以用模态方程(3-3)进行简化,于是便得到

$$\sum_{m=1}^{\infty}\left[\frac{\mathrm{d}^2\Phi_m(x)}{\mathrm{d}x^2}\Psi_m(z) + k_{xm}^2\Phi_m(x)\Psi_m(z)\right] = -\delta(x)\delta(z-z_s) \tag{3-22}$$

和前述的点源情况一样,对方程(3-22)进行如下运算:

$$\int_0^D (\bullet)\frac{\Psi_n(z)}{\rho(z)}\mathrm{d}z \tag{3-23}$$

由于其具有正交特性,故求和式中只有第 n 项保留下来,从而得到

$$\frac{\mathrm{d}^2\Phi_n(x)}{\mathrm{d}x^2} + k_{xn}^2\Phi_n(x) = \frac{-\delta(x)\Psi_n(z_s)}{\rho(z_s)} \tag{3-24}$$

该方程的解表示的是与特定阶模态的距离相关性。式(3-11)中还含有汉克尔方程,这里的方程稍微简单一些,它的解可用正弦函数和余弦函数表示,或等效地用复指数函数来表示:

$$\Phi_n(x) = \frac{\mathrm{i}}{2\rho(z_s)}\Psi_n(z_s)\frac{\mathrm{e}^{\pm\mathrm{i}k_{xn}x}}{k_{xn}} \tag{3-25}$$

指数项中的符号由辐射条件确定,从而得到最终的解:

$$p(x,z) = \frac{\mathrm{i}}{2\rho(z_s)}\sum_{m=1}^{\infty}\Psi_m(z_s)\Psi_m(z)\frac{\mathrm{e}^{\mathrm{i}k_{xm}|x|}}{k_{xm}} \tag{3-26}$$

式(3-26)与式(3-14)的点源结果相比,主要有别于分母中的 k_{xm} 加权。因此与其他任何解法一样,只要对简正波的编码稍作修改就能得到线源结果,不过也可能存在一些微小的变化。

通常将距离声源 1 m 处的声场作为计算传播损失的参考。线源在自由空间中产生的声压场满足下式:

$$\frac{1}{r}\frac{\partial}{\partial r}\left(r\frac{\partial p_0}{\partial r}\right) + \frac{\omega^2}{c^2(z)}p_0 = -\frac{\delta(r)}{2\pi r} \tag{3-27}$$

式中,r 表示相对声源的斜距。求解方程得到

$$p_0(r) = \frac{\mathrm{i}}{4}\mathrm{H}_0^{(1)}(k_0 r) \tag{3-28}$$

式中,$k_0 = \omega/c_0$,是声源处的介质波数。因此归一化声压就是

$$\frac{p(x,z)}{p_0(r)\big|_{r=1}} = \frac{2}{\rho(z_s)\mathrm{H}_0^{(1)}(k_0)}\sum_{m=1}^{\infty}\Psi_m(z_s)\Psi_m(z)\frac{\mathrm{e}^{\mathrm{i}k_{xm}|x|}}{k_{xm}} \tag{3-29}$$

这一声压表示形式有点复杂。实际中,在其他所有出现这种函数的情况下,都采用大自变量渐近表达式来简化结果。因为 1 m 处的声场往往是从远场推算得到(这与点源情况是一致的),故仍可以采用渐近式 $\mathrm{H}_0^{(1)}(kr) \approx \sqrt{\frac{2}{\pi kr}}\mathrm{e}^{\mathrm{i}(kr-\pi/4)}$(参见第二章参考文献[1]),由此得到

$$\frac{p(x,z)}{p_0(r=1)} \simeq \frac{\sqrt{2\pi k_0}}{\rho(z_s)} e^{-i(k_0-\pi/4)} \sum_{m=1}^{\infty} \Psi_m(z_s) \Psi_m(z) \frac{e^{ik_{xm}|x|}}{k_{xm}} \qquad (3-30)$$

传播损失为

$$TL(x,z) = -20\lg \left| \frac{p(x,z)}{p_0(r=1)} \right| \qquad (3-31)$$

3.3　格林函数的模态展开

在波数积分方法中,我们在求声压场表达式的时候,利用了如下深度分离问题的格林函数:

$$\rho(z)\frac{d}{dz}\left[\frac{1}{\rho(z)}\frac{dg(z)}{dz}\right] + \left[\frac{\omega^2}{c^2(z)} - k_r^2\right]g(z) = -\frac{\delta(z-z_s)}{2\pi} \qquad (3-32)$$

有时候把这一格林函数表示成模态是十分有用的。想要做到这一点并不难,首先将 δ 函数展开成模态之和,即

$$\delta(z-z_s) = \sum_m a_m \Psi_m(z) \qquad (3-33)$$

这里,暂且假定不存在连续谱,因而这些模态构成了一个完备集。对式(3-33)进行如下运算以求取系数 a_m:

$$\int_0^D (\bullet) \frac{\Psi_n(z)}{\rho(z)} dz \qquad (3-34)$$

由于其具有式(3-5)给出的正交特性,故级数中只有 $m=n$ 的项保留下来,即

$$a_n = \frac{\Psi_n(z_s)}{\rho(z_s)} \qquad (3-35)$$

简单地讲就是,δ 函数可由如下的模态之和来表示:

$$\delta(z-z_s) = \sum_m \frac{\Psi_m(z_s)\Psi_m(z)}{\rho(z_s)} \qquad (3-36)$$

由于上述关系意味着模态集在均值上收敛于任意分段连续函数,故常常被称作完备关系。

下面,按照以下模态之和来求解深度分离问题的解:

$$g(z) = \sum_m b_m \Psi_m(z) \qquad (3-37)$$

将式(3-37)代入式(3-32),得

$$\sum_{m=1}^{\infty} b_m \left[\rho(z)\frac{d}{dz}\left(\frac{1}{\rho(z)}\frac{d\Psi_m(z)}{dz}\right) + \left(\frac{\omega^2}{c^2(z)} - k_r^2\right)\Psi_m(z) \right]$$

$$= -\frac{1}{2\pi}\sum_m \frac{\Psi_n(z_s)}{\rho(z_s)}\Psi_m(z) \qquad (3-38)$$

根据模态方程(3-3),可以将式(3-38)重写如下:

$$\sum_{m=1}^{\infty} b_m(k_{rm}^2 - k_r^2)\Psi_m(z) = -\frac{1}{2\pi}\sum_m \frac{\Psi_n(z_s)}{\rho(z_s)}\Psi_m(z) \qquad (3-39)$$

再次进行如式(3-34)所示的积分运算,由其正交性可以得知求和式中只有第 n 项保留了下来,因而得到

$$(k_m^2 - k_r^2)b_n = -\frac{\Psi_n(z_s)}{2\pi\rho(z_s)} \tag{3-40}$$

由此解出 b_n，再代入到式(3-37)，便可以得到深度分离的格林函数的最终结果为

$$g(z) = \frac{1}{2\pi\rho(z_s)}\sum_m \frac{\Psi_m(z_s)\Psi_m(z)}{k_r^2 - k_{rm}^2} \tag{3-41}$$

从式(3-41)可以清晰地看出，格林函数在 k_r 值等于模态波数 k_{rm} 时有奇点。

3.4 一般推导

在 3.2 节，所采用的模态方程推导方法在许多实际的海洋声学问题中是不适用的。这是因为，此种方法存在着一个关键的假定，即应用变量分离以后可以得到一个非奇异的、具有简正模态完备集的 Sturm - Liouville 问题。在实际的海洋声学问题中，即使是相当简单的情况，也可能产生不能构成简正模态完备集的奇异问题。

这类问题的一个简单例子是图 3-1 所示的 Pekeris 波导。其中包含一个等速海水层和一个等速海底半空间。

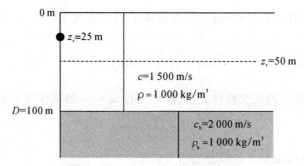

图 3-1 Pekeris 波导示意图

针对这一问题应用变量分离技术可以得到模态方程(3-3)，但海底深度 D 要变成无限大，即模态方程为奇异的。我们可以在两层界面上构成某种边界条件使 D 的范围变成有限的。为了构成等效的边界条件，我们先来讨论一下半空间中的一般解：

$$\Psi_b(z) = Be^{-\gamma_b z} + Ce^{\gamma_b z} \tag{3-42}$$

式中，

$$\gamma_b \equiv -ik_{z,b} = \sqrt{k_r^2 - \left(\frac{\omega}{c_b}\right)^2} \tag{3-43}$$

c_b 是海底中声速。此处假定 γ_b 是正值。于是，为了使在无限远处存在有界解，就需要令 C 为零。在界面上，声压和法向速度应该连续，即

$$\Psi(D) = Be^{-\gamma_b D} \tag{3-44}$$

$$\frac{d\Psi(D)/dz}{\rho} = -B\frac{\gamma_b e^{-\gamma_b D}}{\rho_b} \tag{3-45}$$

其中，ρ 和 ρ_b 分别表示海水密度和海底密度。将这两方程相除，可知 $\Psi(z)$ 必须满足以下边界条件：

$$\frac{\rho \Psi(D)}{\mathrm{d}\Psi(D)/\mathrm{d}z} = -\frac{\rho_{\mathrm{b}}}{\gamma_{\mathrm{b}}(k_r^2)} \tag{3-46}$$

这样我们的模态问题就可以写成如下形式：

$$\frac{\mathrm{d}^2 \Psi(z)}{\mathrm{d}z^2} + \left[\frac{\omega^2}{c^2(z)} - k_r^2\right]\Psi(z) = 0 \tag{3-47}$$

$$\Psi(0) = 0 \tag{3-48}$$

$$f(k_r^2)\Psi(D) + \frac{g(k_r^2)}{\rho}\frac{\mathrm{d}\Psi(D)}{\mathrm{d}z} = 0 \tag{3-49}$$

式中，

$$f(k_r^2) = 1,\ g(k_r^2) = \rho_{\mathrm{b}}/\sqrt{k_r^2 - \left(\frac{\omega}{c_{\mathrm{b}}}\right)^2} \tag{3-50}$$

现在就得到了一个定义在有限域上的模态问题。这一过程把模态问题从无限域转换到有限域，问题仍保持奇异性，但造成的结果是，特征函数的完备性就得不到保证了。

于是，便可以采用另一种方法[4]，解的谱积分表达式可以表示如下：

$$\begin{aligned} p(r,z) &= \int_0^\infty G(z,z_s;k_r)\mathrm{J}_0(k_r r)\mathrm{d}k_r \\ &= \frac{1}{2}\int_{-\infty}^\infty G(z,z_s;k_r)\mathrm{H}_0^{(1)}(k_r r)k_r\mathrm{d}k_r \end{aligned} \tag{3-51}$$

式中，格林函数 $G(z,z_s;k_r)$ 满足以下条件：

$$\rho(z)\left[\frac{1}{\rho(z)}G'(z)\right]' + \left[\frac{\omega^2}{c^2(z)} - k_r^2\right]G(z) = -\frac{\delta(z-z_s)}{2\pi} \tag{3-52}$$

$$f^{\mathrm{T}}(k_r^2)G(0) + \frac{g^{\mathrm{T}}(k_r^2)}{\rho(0)}\frac{\mathrm{d}G(0)}{\mathrm{d}z} = 0 \tag{3-53}$$

$$f^{\mathrm{B}}(k_r^2)G(D) + \frac{g^{\mathrm{B}}(k_r^2)}{\rho(D)}\frac{\mathrm{d}G(D)}{\mathrm{d}z} = 0 \tag{3-54}$$

其中，顶部（T）和底部（B）的边界条件含有函数 $f^{\mathrm{T,B}}$ 和 $g^{\mathrm{T,B}}$，它们是与角度有关的阻抗。这种形式适用于相当复杂的海底类型[5]。

我们用符号将这一问题写成

$$L(k_{rm})G = -\frac{\delta(z-z_s)}{2\pi},\ B_1G = B_2G = 0 \tag{3-55}$$

参考文献[6]给出了这一边值问题的解：

$$G(z,z_s;k_r) = -\frac{1}{2\pi}\frac{p_1(z_<;k_r)p_2(z_>;k_r)}{W(z_s;k_r)} \tag{3-56}$$

式中，$z_< = \min(z,z_s)$，$z_> = \max(z,z_s)$。$W(z;k)$ 是朗斯基行列式：

$$W(z;k_r) = p_1(z;k_r)p'_2(z;k_r) - p'_1(z;k_r)p_2(z;k_r) \tag{3-57}$$

式中，p_1，p_2 分别为满足顶部和底部边界条件的任意非平凡解，即

$$L(k_r)p_1 = 0,\ B_1p_1 = 0 \tag{3-58}$$

$$L(k_r)p_2 = 0,\ B_2p_2 = 0 \tag{3-59}$$

下面，考虑 Pekeris 波导问题，它有一个来自下半空间边界条件的单个分支割线。接着把半圆 C_∞ 和分支割线 C_{EJP} 加起来，使谱积分表达式中的围线闭合，如图 3-2 所示。这种沿轴线进行分支割线的特殊选择，依照 Ewing，Jardetzky 和 Press 的名字被命名为 EJP 切割[7]。假

定根为单根,利用柯西定理就可将积分写成留数之和:

$$\int_{-\infty}^{\infty} G(z,z_s;k_r) J_0(k_r r) dk_r + \int_{C_\infty} G(z,z_s;k_r) J_0(k_r r) dk_r +$$

$$\int_{C_{EJP}} G(z,z_s;k_r) J_0(k_r r) dk_r - 2\pi i \sum_{m=1}^{M} res(k_{rm}) \qquad (3-60)$$

式中,$res(k_{rm})$ 是围线包围的第 m 个极点的留数。图 3-2 示意性地用黑圆点表示出这些极点(极点的确切位置与频率和波导参数有关)。图中还用白圆点表示出没有被包围的其他极点。此外,对于不同的具体问题和不同的分支切割选择,留数的个数可能是零、有限数或无限多。

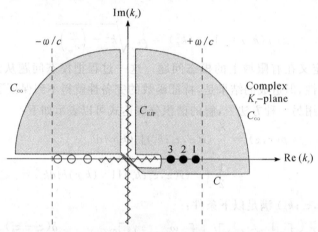

图 3-2 Pekeris 问题使用 EJP 分支切割时特征值的位置

半圆 C_∞ 的半径趋于无限大时,这一段围线的贡献将趋于零,因为汉克尔函数按指数规律随着半径的增大而衰减。将式(3-56)给出的格林函数表达式代入式(3-51),可以得到用留数之和加分支割线积分表示的声场表达式:

$$p(r,z) = \frac{i}{2} \sum_{m=1}^{M} \frac{p_1(z_<;k_{rm}) p_2(z_>;k_{rm})}{\partial W(z_s;k_r)/\partial k_r \big|_{k_r = k_{rm}}} H_0^{(1)}(k_{rm} r) k_{rm} - \int_{C_{EJP}} G(z,z_s;k_r) J_0(k_r r) dk_r \qquad (3-61)$$

式中,k_{rm} 是朗斯基行列式的第 m 个零点,对这些零点加以排序,以使得 $\mathrm{Re}\{k_{r1}\} > \mathrm{Re}\{k_{r2}\} > \cdots$。确定这些根即特征值的方程 $[W(k_{rm}) = 0]$ 称为特征方程或久期方程(一般把根为特征值的任何方程都称为特征方程)。这里假定了朗斯基行列式的零点都是单根的。可以构成朗斯基行列式有多重根这样的环境[8],但遭遇这样的问题的可能性很小。应该指出的是,对于真正的 Sturm-Liouville 问题,不可能有多重特征值。具有多重特征值的情况会涉及弹性或复声速这类特性,这将破坏相应的 Sturm-Liouville 问题的自伴性。

如果 $W(k_{rm}) = 0$,则 $p_{1,2}(z;k_{rm})$ 是线性相关的,可以通过简单的换算使它们相等。因而定义 $\Psi_m(z) = p_1(z;k_{rm}) = p_2(z;k_{rm})$,且满足

$$L(k_{rm}) \Psi_m = 0, \qquad B_1 \Psi_m = B_2 \Psi_m = 0 \qquad (3-62)$$

这当然是标准的模态方程。如果 k_{rm} 和 $\Psi_m(z)$ 构成这一模态方程的非平凡解,则 k_{rm} 是朗斯基行列式的零点,反之亦然。我们可以用 Ψ_m 把声场写成

$$p(r,z) = \frac{i}{2} \sum_{m=1}^{M} \frac{\Psi_m(z_s) \Psi_m(z)}{\partial W(z_s;k_r)/\partial k_r \big|_{k_r = k_{rm}}} H_0^{(1)}(k_{rm} r) k_{rm} - \int_{C_{EJP}} G(z,z_s;k_r) J_0(k_r r) dk_r \qquad (3-63)$$

这一声场表达式有点不方便,因为它需要计算用函数 $p_{1,2}(z;k_r)$ 定义的 $\partial W/\partial k_r$,$p_{1,2}(z;k_r)$ 在具体的数值计算方法中可能不易获得。为了简化这一表达式,需要寻找到 $\partial W/\partial k_r$ 的另一

种形式。经过推导,可得最终结果为

$$\frac{\partial W/\partial k_r}{\rho(z_s)}\bigg|_{k_{rm}} = 2k_{rm}\int_0^D \frac{\Psi_m^2(z)}{\rho(z)}\mathrm{d}z - \tag{3-64}$$

$$\frac{\mathrm{d}\,(f/g)^{\mathrm{T}}}{\mathrm{d}k_r}\bigg|_{k_{rm}}\Psi_m^2(0) + \frac{\mathrm{d}\,(f/g)^{\mathrm{B}}}{\mathrm{d}k_r}\bigg|_{k_{rm}}\Psi_m^2(D)$$

对 $\Psi_m(z)$ 进行适当的换算就可以使 $\partial W(z_s;k_r)/\partial k_r\big|_{k_r=k_{rm}}=1$。于是得到的声压场最终表达式就是

$$p(r,z) = \frac{\mathrm{i}}{4\rho(z_s)}\sum_{m=1}^M \Psi_m(z_s)\Psi_m(z)\mathrm{H}_0^{(1)}(k_{rm}r) - \int_{C_{\mathrm{EJP}}}G(z,z_s;k_r)\mathrm{J}_0(k_r r)\mathrm{d}k_r \tag{3-65}$$

这里已将模态归一化,因而有

$$\int_0^D \frac{\Psi_m^2(z)}{\rho(z)}\mathrm{d}z - \frac{1}{2k_{rm}}\frac{\mathrm{d}\,(f/g)^{\mathrm{T}}}{\mathrm{d}k_r}\bigg|_{k_{rm}}\Psi_m^2(0) + \frac{1}{2k_{rm}}\frac{\mathrm{d}\,(f/g)^{\mathrm{B}}}{\mathrm{d}k_r}\bigg|_{k_{rm}}\Psi_m^2(D) = 1 \tag{3-66}$$

关于这一结果,Bucker[9]还针对等密度问题给出了另一种推导方法。

我们把原来的谱积分形式转换成模态之和加另一积分项的形式,这似乎反而把问题弄得更复杂了;其实不然,因为只要离声源足够远,分支割线积分一般是可以忽略的。

边界条件的具体特性在确定上述表达式方面十分重要。正如已经看到的,如果上边界是压力释放边界,下边界是理想性边界,就不会有分支割线的贡献,也就是说声场的解完全表示为无限个模态之和。在具有弹性半空间的问题中,将存在分支割线项,它与半空间中的切变波速和压缩波速有关。

留数级数的项数与采用的具体分支割线方法有关。例如,如果采用图 3-3 所示的 Pekeris 分支切割方法,结果将暴露出一组附加极点(一般是无限多个)。这些极点在图中用 4,5,6 号黑圆点表示。这一组极点在第一象限中与实轴有一定距离,所以它随距离的增大按指数规律衰减,而相应的模态称为泄漏模态。于是根据对分支切割的不同选择就可以得到无数种声场表达式。

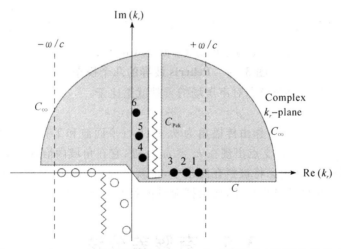

图 3-3 Perkeris 问题使用 Pekeris 分支切割时特征值的位置

Pekeris 切割的一个基本优点是暴露出泄漏模态,因为正如我们在下一节将要看到的,把泄漏模态包括进来可以得到更为精确的近场解。实际上,准确地确定泄漏模态的位置有一定困难,因而要得到潜在的增益就得使模型具有宽容性。此外,泄漏模态随深度的加大而按指数

规律增大,因而在某些距离和深度上会产生发散的级数。作为一个替代办法,也可以采用数值法计算分支割线项,Stickler[10]对这一问题进行了讨论。

为了弄清一些问题,再返回到 Pekeris 波导问题。满足压力释放表面条件的海水层中的解由式(3－67)给出:

$$\Psi(z) = A\sin(k_z z) \tag{3-67}$$

式中,

$$k_z = \sqrt{\left(\frac{\omega}{c}\right)^2 - k_r^2} \tag{3-68}$$

要获得满足底部边界条件(式(3-46))的非平凡解,必须有

$$\tan(k_z D) = -\frac{i\rho_b k_z}{\rho k_{z,b}} \tag{3-69}$$

这是关于特征值 $k_{rm}(\omega)$ 的超越方程。

图 3-4 给出了几个 Pekeris 波导的模态。可以看出,第 1 阶和第 4 阶模态定性地类似于前面等速问题的模态。例如,海水层中的解仍然是正弦型的,但因与海底反射系数相关联的相位发生变化,垂直波数有所不同。在图 3-4 中,对于第 10 阶和第 12 阶模态,还用虚线画出了虚部不为零的泄漏模态。

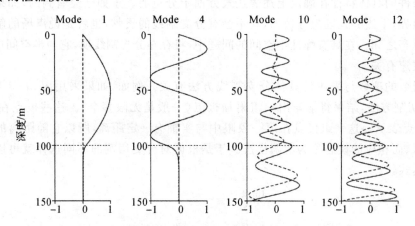

100 m 处为海水-海底界面,图中用水平点线标出

图 3-4 Pekeris 波导的几个模态

忽略柱面扩展项后,单个模态对声压场的贡献就正比于

$$p = (e^{ik_{zm}z} + e^{-ik_{zm}z})e^{ik_{rm}r} \tag{3-70}$$

这样就可以把一个模态看作由传播角为 θ_m 的上行平面波和下行平面波组成。其中传播角由 $\tan\theta_m = k_{zm}/k_{rm}$ 定义。支点出现在 $k_r = \omega/c_b$ 处,它在角域内恰好对应于临界角。因此,其角度小于临界角的那些模态将被拦在海水中,也就是说它们不向下半空间辐射能量。相应地,如果泄漏模态的角度超过临界角,便会把能量传到下半空间中去。

3.5 有限差分法

如图 3-5 所示,将区间 $0 \leqslant z \leqslant D$ 等分成 N 个间隔,构成等间隔点 $z_j = jh$,$j = 0, 1, \cdots, N$ 网格,其中 $h = D/N$,表示网格宽度。此外,我们将使用符号 $\Psi_j = \Psi(z_j)$。数目 N 应选择

得足够大,保证对模态的抽样足够充分,通常每个波长取 10 个点就够了。

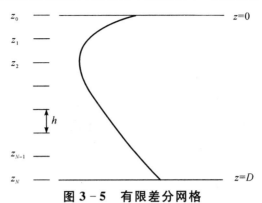

图 3 - 5　有限差分网格

暂且假定密度是常数,由此产生的模态问题是

$$\Psi''(z) + \left[\frac{\omega^2}{c^2(z)} - k_r^2 \right] \Psi(z) = 0 \qquad (3-71)$$

式中,撇号表示对 z 的导数。依照推导有限差分方程的标准方法,利用泰勒级数展开可得

$$\Psi_{j+1} = \Psi_j + \Psi'_j h + \Psi''_j \frac{h^2}{2!} + \Psi'''_j \frac{h^3}{3!} + \cdots \qquad (3-72)$$

重新排列各项,可以得到一阶导数的前向差分近似式:

$$\Psi'_j = \frac{\Psi_{j+1} - \Psi_j}{h} - \Psi''_j \frac{h}{2} + \cdots \qquad (3-73)$$

因此一阶导数的 $O(h)$ 近似式为

$$\Psi'_j \approx \frac{\Psi_{j+1} - \Psi_j}{h} \qquad (3-74)$$

利用控制方程(3-71)计算前向差分近似式的第二项可以获得改进的近似式。这就是代入

$$\Psi''(z) = -\left[\frac{\omega^2}{c^2(z)} - k_r^2 \right] \Psi(z) \qquad (3-75)$$

由此产生 $O(h^2)$ 的近似式为

$$\Psi'_j \approx \frac{\Psi_{j+1} - \Psi_j}{h} + \left[\frac{\omega^2}{c^2(z_j)} - k_r^2 \right] \Psi_j \frac{h}{2} \qquad (3-76)$$

类似地可以获得反向差分近似式。重复式(3-72)所示过程

$$\Psi_{j-1} = \Psi_j - \Psi'_j h + \Psi''_j \frac{h^2}{2!} - \Psi'''_j \frac{h^3}{3!} + \cdots \qquad (3-77)$$

由此产生 $O(h)$ 的近似式为

$$\Psi'_j \approx \frac{\Psi_j - \Psi_{j-1}}{h} \qquad (3-78)$$

$O(h^2)$ 的近似式为

$$\Psi'_j \approx \frac{\Psi_j - \Psi_{j-1}}{h} - \left[\frac{\omega^2}{c^2(z_j)} - k_r^2 \right] \Psi_j \frac{h}{2} \qquad (3-79)$$

最后把式(3-72)和式(3-77)相加,可以得到二阶导数的中心差分近似式为

$$\Psi''_j = \frac{\Psi_{j-1} - 2\Psi_j + \Psi_{j+1}}{h^2} + O(h^2) \qquad (3-80)$$

利用这些已有的有限差分近似式,可以进而用离散的模拟量代替连续问题中的导数。重

写连续问题如下：

$$\Psi''(z) + \left[\frac{\omega^2}{c^2(z)} - k_r^2\right]\Psi(z) = 0 \tag{3-81}$$

$$f^{\mathrm{T}}(k_r^2)\Psi(0) + \frac{g^{\mathrm{T}}(k_r^2)}{\rho}\frac{\mathrm{d}\Psi(0)}{\mathrm{d}z} = 0 \tag{3-82}$$

$$f^{\mathrm{B}}(k_r^2)\Psi(D) + \frac{g^{\mathrm{B}}(k_r^2)}{\rho}\frac{\mathrm{d}\Psi(D)}{\mathrm{d}z} = 0 \tag{3-83}$$

分别利用常微分方程及顶部和底部边界条件的中心、前向和反向差分近似式，可以得到

$$\left.\begin{aligned}
&\Psi_{j-1} + \left\{-2 + h^2\left[\frac{\omega^2}{c^2(z_j)} - k_r^2\right]\right\}\Psi_j + \Psi_{j+1} = 0, \ j = 1,\cdots,N-1 \\
&\frac{f^{\mathrm{T}}}{g^{\mathrm{T}}}\Psi_0 + \frac{1}{\rho}\left\{\frac{\Psi_1 - \Psi_0}{h} + \left[\frac{\omega^2}{c^2(0)} - k_r^2\right]\Psi_0\frac{h}{2}\right\} = 0 \\
&\frac{f^{\mathrm{B}}}{g^{\mathrm{B}}}\Psi_N + \frac{1}{\rho}\left\{\frac{\Psi_N - \Psi_{N-1}}{h} - \left[\frac{\omega^2}{c^2(D)} - k_r^2\right]\Psi_N\frac{h}{2}\right\} = 0
\end{aligned}\right\} \tag{3-84}$$

以上方程组的第一个方程还可以写成

$$\frac{1}{h\rho}\Psi_{j-1} + \frac{-2 + h^2\left[\omega^2/c^2(z_j) - k_r^2\right]}{h\rho}\Psi_j + \frac{1}{h\rho}\Psi_{j+1} = 0 \tag{3-85}$$

联合这些差分方程，就得到以下形式的代数特征值问题：

$$C(k_r^2)\Psi = 0 \tag{3-86}$$

这里 Ψ 为向量，其元素为 $\Psi_0, \Psi_1, \cdots, \Psi_N$。这些元素是式(3-3)在网格点上计算的特征函数近似值。而 C 是对称三对角矩阵，即

$$C = \begin{bmatrix}
d_0 & e_1 & & & & & \\
e_1 & d_1 & e_2 & & & & \\
& e_2 & d_2 & e_3 & & & \\
& & \ddots & \ddots & \ddots & & \\
& & & e_{N-2} & d_{N-2} & e_{N-1} & \\
& & & & e_{N-1} & d_{N-1} & e_N \\
& & & & & e_N & d_N
\end{bmatrix} \tag{3-87}$$

式中，系数 d_j 和 e_j 分别表示

$$d_0 = \frac{-2 + h^2\left[\omega^2/c^2(z_0) - k_r^2\right]}{2h\rho} + \frac{f^{\mathrm{T}}(k_r^2)}{g^{\mathrm{T}}(k_r^2)} \tag{3-88}$$

$$d_j = \frac{-2 + h^2\left[\omega^2/c^2(z_j) - k_r^2\right]}{h\rho}, \ j = 1, \cdots, N-1 \tag{3-89}$$

$$d_N = \frac{-2 + h^2\left[\omega^2/c^2(z_N) - k_r^2\right]}{2h\rho} - \frac{f^{\mathrm{B}}(k_r^2)}{g^{\mathrm{B}}(k_r^2)} \tag{3-90}$$

$$e_j = \frac{1}{h\rho}, \ j = 1, \cdots, N$$

这里在每一行加入了换算系数 $1/(h\rho)$。应当注意到的是，对于压力释放表面，边界条件中出现的比值项 f/g 将变为无限大。在这种情况下 Ψ_0 为零，可以从特征值问题矩阵中直接删除第一行和第一列。此外，如果函数 $f^{\mathrm{T,B}}$ 和 $g^{\mathrm{T,B}}$ 与 k_r 无关(在压力释放表面和刚性海底条件下就会发生这种情况)，以上问题就变成标准代数特征值问题，因而可以利用标准程序进行

求解。一般来说,只有低阶模态才是充分精确的,用有限差分网格对高阶模态抽样为欠抽样。因此程序应设计成能提取所想要的特征向量和特征值的子集。

一般说来,有两类技术较为适用。第一类是基于模态子集设计的 QR 算法的一种变异算法,第二类是联合使用 Sturm 方法和反迭代法。

对于无法通过扰动方法处理的具有较大衰减的问题,矩阵便是复的,因而 Sturm 方法必须代之以某种其他的行列式搜索方法。在水声学中,更常用的方法是假设衰减很小,故而可以通过扰动方法进行计算,后续将会作以描述。在这种情况下,就可以使用 Sturm 序列方法处理与无损问题相关联的实特征值问题。

这些算法的详细介绍可以在一些教材中找到,如参考文献[11]。这里只对后一种技术做一点评论。而在这里,仅对反迭代法和 Richardson 外推法加以介绍,它们都是基于 Sturm 序列的稳定而有效的方法,被广泛地应用于简正模态编程中。其中,Sturm 方法实际上是一种行列式搜索技术,既可用于系数近似法,也可用于追赶法。

3.5.1　Sturm 方法

从根本上讲,Sturm 方法是一种有效的递归方法,用于计算表征海洋波导模态问题特性的三对角矩阵的行列式。可以将特征值问题写作伪 Sturm - Liouville 问题的形式:

$$
\det \boldsymbol{C}(\lambda) = 0
$$
$$
\Leftrightarrow \tag{3-91}
$$
$$
\det[\boldsymbol{A}(\lambda) - \boldsymbol{I}\lambda] = 0
$$

式中,$\lambda = k_r^2$,应用 Sturm 方法计算行列式。可以将此方法与任意求根方法相结合,如 Newton - Ralphson 方法或 Brent 方法。下面将介绍应用于海洋声学模态问题中的 Sturm 方法。

显然,在上层边界(式(3-88))处,有限差分方程中与 $\lambda = k_r^2$ 呈线性关系的项无法隔离,在下层边界处(式(3-90))亦是如此。因而,令 $a_k(\lambda) = d_k(\lambda) + \lambda$,式(3-91)表示的代数特征值问题,就可以转化为寻找三对角矩阵行列式零点的问题。

$$
\boldsymbol{C}(\lambda) = \begin{bmatrix}
\lambda - a_0(\lambda) & -e_1 \\
-e_1 & \lambda - a_1 & -e_2 \\
& -e_2 & \lambda - a_2 & -e_3 \\
& & \ddots & \ddots & \ddots \\
& & & -e_{N-2} & \lambda - a_{N-2} & -e_{N-1} \\
& & & & -e_{N-1} & \lambda - a_{N-1} & -e_N \\
& & & & & -e_N & \lambda - a_N(\lambda)
\end{bmatrix} \tag{3-92}
$$

用 p_k 表示左上方 $k \times k$ 阶的子矩阵,易得 p_k 可由如下递归形式表示:

$$
p_1(\lambda) = \lambda - a_0 \tag{3-93}
$$
$$
p_k(\lambda) = (\lambda - a_{k-1}) p_{k-1}(\lambda) - e_{k-1}^2 p_{k-2}(\lambda) \tag{3-94}
$$

因此,若引入 p_{-1} 和 p_0 的值,那么后面的递归式(称作 Sturm 序列),可计算出 $\lambda = k_r^2$ 取任意值时的行列式,

$$
\left.
\begin{aligned}
& p_{-1} = 0, \\
& p_0 = 1, \\
& p_k(\lambda) = [\lambda - a_{k-1}(\lambda)] p_{k-1}(\lambda) - e_{k-1}^2 p_{k-2}(\lambda), \ k = 1, 2, \cdots, N+1
\end{aligned}
\right\} \tag{3-95}
$$

式(3-95)中的递归效率很高,并且对于行列式计算是无条件稳定的。

3.5.2 反迭代

模态特征值的估计量一经确定,(例如使用 Sturm 序列,与诸如 Newton - Ralphson 法或 Brent 法等求根方法相结合),那么这一数值计算过程的下一步便是找出相应的模态特征函数。借助反迭代的思想,可以让这一步骤的进行更加高效。

设已求得矩阵 A 的第 m 个特征值的估计量为 κ,有

$$\kappa = \lambda_m - \varepsilon \tag{3-96}$$

其中,ε 是个极小量。对应于特征值 λ_m 的特征向量 $\boldsymbol{\Psi}_m$ 显然应当满足式(3-97)

$$[A(\lambda_m) - \lambda_m I] \boldsymbol{\Psi}_m = 0 \tag{3-97}$$

应用如下的迭代过程:

$$[A(\lambda_m) - \kappa I] w_k = w_{k-1}, \ k = 1, 2, \cdots, \infty \tag{3-98}$$

假定 κ 并不总是同特征值的准确值 λ_m 相等,从式(3-98)可解得如下递归式

$$w_k = [A(\lambda_m) - \kappa I]^{-1} w_{k-1} \tag{3-99}$$

易知,对应特征值 $(\lambda_m - \kappa)^{-1}$,逆矩阵 $(A - \kappa I)^{-1}$ 和矩阵 A 具有相同的特征向量。若估计量 κ 与特征值 λ_m 非常接近,递归式(3-99)便收敛于对应特征值 λ_m 的特征向量 $\boldsymbol{\Psi}_m$,

$$w_k \to \boldsymbol{\Psi}_m, \ k \to \infty \tag{3-100}$$

假定向量 w_0 与向量 $\boldsymbol{\Psi}_m$ 并不正交,简单起见,可先取

$$w_0 = [1, 1, \cdots, 1]$$

此外,反迭代也使得特征值的估计量更加精确,

$$\frac{(w_r)_k}{(w_r)_{k-1}} \to \frac{1}{\lambda_m - \kappa}, \ k \to \infty \tag{3-101}$$

也可以写作

$$\lambda_m \leftarrow \kappa + \frac{(w_r)_{k-1}}{(w_r)_k}, \ k \to \infty \tag{3-102}$$

以上性质表明,如果初始估计量 κ 与真实的特征值 λ_m 十分接近,为了让反迭代运算正常进行,则需加入一个再归一化的步骤。比较简便的实现方法是,在每一步迭代中对特征向量进行归一化处理(即令 $|w_k| = 1$)。

3.5.3 Richardson 外推法

这一节已介绍了用于求解模态问题的最基本的有限差分方法。虽然利用这些技术能很容易地构建出稳定的方法,但要想建立一个高效的方法,往往还需要做一些改进工作。现如今,已经知道有两种可选择的方案是最有效的。

第一种方法是利用 Richardson 外推法。简言之,这一方法是利用数值法导出的特征值与网格宽度 h 的关系,即

$$k_r^2(h) = k_0^2 + b_2 h^2 + b_4 h^4 + \cdots \tag{3-103}$$

式中,k_0^2 表示连续问题的精确特征值。当然,k_0^2 正是我们所要求的,但计算 h 值很小时的

$k_r^2(h)$，在计算上代价很高。因而，可以先求解离散化问题，从中得出一系列网格，再通过网格点拟合 h^2 多项式。$h=0$ 所对应的多项式的值可以就是特征值的 Richardson 外推值。这种方法是 Porter 和 Reiss[12-13] 提出的，在参考文献[14-15]叙述的模型中介绍得十分详细。

第二种方法是利用高阶差分方法。比如 Numerov 方法[16]，在该方法中微分方程

$$\Psi''(z) + \left[\frac{\omega^2}{c^2(z)} - k_r^2\right]\Psi(z) = 0 \tag{3-104}$$

用以下方程近似：

$$\left(\frac{1}{h^2} + \frac{1}{12}k_{z,j-1}^2\right)\Psi_{j-1} + \left(-\frac{2}{h^2} + \frac{10}{12}k_{z,j}^2\right)\Psi_j + \left(\frac{1}{h^2} + \frac{1}{12}k_{z,j+1}^2\right)\Psi_{j+1} = 0 \tag{3-105}$$

式中，

$$k_{z,j}^2 = \frac{\omega^2}{c^2(z_j)} - k_r^2 \tag{3-106}$$

Numerov 方法的精确度为 $O(h^4)$，而标准方案的精确度为 $O(h^2)$。从实用观点来看，这将需要占用 CPU 时间进行大量的差分运算以达到一定的精度水平。例如，对于同样的网格，Numerov 方法大约需要标准方案两倍的 CPU 时间；而对于同样的精度，Numerov 方法一般则比标准方案快得多。

3.5.4 界面处理

海洋声学问题往往包含声速或密度的不连续性，如从海水转到海底就存在不连续性。处理这类不连续问题时可以把问题分成若干层，使得在同一层内的介质特性平滑。在任一层内，前面所述的有限差分方程仍是适用的。然后再引入界面处的界面条件，就可以把各个层中的解联系到一起。

举一个例子，我们考虑一个简单的两层界面，一层是海水，另一层是海底。在每一层内构成独立的有限差分网格，网格间距分别为 h_w 和 h_b，如图 3-6 所示。

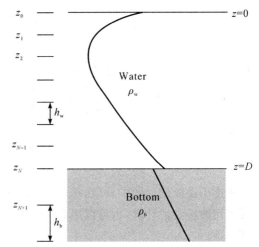

图 3-6 含有界面的有限差分网格

在海水中，模态方程的有限差分近似式为

$$\Psi_{j-1} + \left\{-2 + h_w^2\left[\frac{\omega^2}{c^2(z_j)} - k_r^2\right]\right\}\Psi_j + \Psi_{j+1} = 0, \quad j = 1, \cdots, N-1 \tag{3-107}$$

在海底中，有限差分近似式为

$$\Psi_{j-1} + \left\{-2 + h_b^2\left[\frac{\omega^2}{c^2(z_j)} - k_r^2\right]\right\}\Psi_j + \Psi_{j+1} = 0, \quad j = N+1, \cdots \tag{3-108}$$

在界面处，压力必须连续，使界面处的 Ψ_N 值唯一，这就意味着施加了这一隐含的条件。此外还必须施加法向速度连续的条件，即

$$\frac{\mathrm{d}\Psi(D)/\mathrm{d}z}{\rho_w} = \frac{\mathrm{d}\Psi(D)/\mathrm{d}z}{\rho_b} \tag{3-109}$$

式中，ρ_w 和 ρ_b 分别是海水和沉积层的密度。这一界面条件又可近似为

$$
\left\{ \frac{\Psi_N - \Psi_{N-1}}{h_w} - \left[\frac{\omega^2}{c^2(D^-)} - k_r^2 \right] \Psi_N \frac{h_w}{2} \right\} / \rho_w
$$

$$
= \left\{ \frac{\Psi_{N+1} - \Psi_N}{h_b} + \left[\frac{\omega^2}{c^2(D^+)} - k_r^2 \right] \Psi_N \frac{h_b}{2} \right\} / \rho_b
$$

(3 - 110)

其中利用了海水的反向差分公式和海底的正向差分公式。$c(D^\pm)$ 是从 $z < D(D^-)$ 和 $z > D(D^+)$ 逼近到界面时的极限声速值。整理式 (3 - 110) 可得

$$
\frac{\Psi_{N-1}}{h_w \rho_w} + \frac{-\Psi_N + [\omega^2/c^2(D^-) - k_r^2]\Psi_N h_w^2/2}{h_w \rho_w} +
$$

$$
\frac{-\Psi_N + [\omega^2/c^2(D^+) - k_r^2]\Psi_N h_b^2/2}{h_b \rho_b} + \frac{\Psi_{N+1}}{h_b \rho_b} = 0
$$

(3 - 111)

显然可以对问题中的每个界面重复这一过程，由此便得到了对称矩阵特征值问题，与单层的情况完全一样。

3.5.5　模态归一化

在计算声压时，需要使用到归一化模态。归一化常数是

$$
N_m = \int_0^D \frac{\Psi_m^2(z)}{\rho(z)} \mathrm{d}z - \frac{1}{2k_{rm}} \frac{\mathrm{d}(f/g)^{\mathrm{T}}}{\mathrm{d}k_r} \bigg|_{k_{rm}} \Psi_m^2(0) + \frac{1}{2k_{rm}} \frac{\mathrm{d}(f/g)^{\mathrm{B}}}{\mathrm{d}k_r} \bigg|_{k_{rm}} \Psi_m^2(D)
$$

(3 - 112)

积分项可以用梯形法则计算，即

$$
I_m = \int_0^D \frac{\Psi_m^2(z)}{\rho(z)} \mathrm{d}z \approx \frac{D}{N} \left(\frac{1}{2}\varphi_0 + \varphi_1 + \varphi_2 + \cdots + \varphi_{N-1} + \frac{1}{2}\varphi_N \right)
$$

(3 - 113)

式中，

$$
\varphi_j = \frac{\Psi_j^2}{\rho(z_j)}
$$

(3 - 114)

在密度不连续的问题中，可在每个平滑的区域内分别使用梯形法则。而至于 $\mathrm{d}(f/g)^{\mathrm{T,B}}/\mathrm{d}k_r$，可以用解析方法计算，也可以用简单的中心差分公式计算，具体采用哪种方法取决于计算上的复杂性。

在海底为液态半空间的情况下，如 Pekeris 波导问题，进行模态归一化时，较为简单的方法是把对深度的积分限扩展到无穷，从而将底部半空间中模态方程的拖尾包括进来。即

$$
N_m = I_m + \int_D^\infty \frac{\Psi_m^2(z)}{\rho(z)} \mathrm{d}z
$$

(3 - 115)

式中的积分下限很容易求出。在底部，模态是指数形式的，

$$
\Psi_m(z) = \Psi_m(D) \mathrm{e}^{-\gamma_m(z-D)}
$$

(3 - 116)

其中，$\gamma_m = \sqrt{k_{rm}^2 - (\omega/c_b)^2}$，可得

$$
N_m = I_m + \frac{\Psi_m^2(D)}{2\gamma_m \rho_b}
$$

(3 - 117)

式中的 I_m 由式 (3 - 113) 给出。

3.6　模型说明与实例

3.6.1　KRAKEN 数值模型简介

简正波模型已经在水声计算领域得到了广泛应用。Williams 在 20 世纪 70 年代对当时简正波模型的发展进行了归纳与总结。在 1984 年，Pekeris 提出了一种简单的等声速双层模型（海水与海底）。在前人不懈努力的基础上，现如今已经有许多成熟的简正波计算模型允许对海洋与底质特性进行更加详细和复杂的描述，并得到相应的结果。

KRAKEN 是一种高效、精确且稳健的简正波计算模型，由 Michael B. Porter 在 20 世纪 70 年代提出并实现。在经过几十年的发展之后，KRAKEN 的功能已经得到极大的拓展，可以处理距离无关、距离相关以及全三维（full 3 - demensional）等多种海洋环境模型。另一方面，KRAKEN 模型对于精确程度要求较低的使用者也能轻易上手，作为处理诸如距离无关的传播损失问题等的常用工具。

初代的 KRAKEN 模型代码被整合进了 SNAP 之中并被命名为 SUPERSNAP，故 SNAP 与 KRAKEN 模型在处理相同问题时会得到一致的结果。KRAKEN 具有以下特点：

(1)在保证收敛的条件下高效寻找特征值；

(2)稳健的特征函数计算；

(3)可以处理多层的环境；

(4)包含弹性的分层介质；

(5)包含表面粗糙度；

(6)以制表的形式输入海表面与海底的反射系数；

(7)可选择微扰或精确的传播损失处理；

(8)可以计算泄漏模态；

(9)边界条件可选择；

(10)处理距离相关时可选择绝热简正波或耦合简正波模型；

(11)可以计算接收阵的倾斜与移位；

(12)由外推法保证的高精度；

(13)可扩展至三维环境等。

KRAKEN 程序作为建模工具之一被收录于声学工具箱 Acoustic Toolbox 中[17]，这个工具箱可以在 Ocean Acoustics Library 的网站上下载得到。Acoustic Toolbox 包含了水声计算中几个主要的模型，如 KRAKEN，BELLHOP，FFP，SCOOTER 等，其调用的结构关系如图 3 - 7 所示。

以上模型都需要输入一个由用户编写的环境文件（ENVFIL），用以描述问题。方便的是，对于不同种类模型，环境文件的格式都是一致的。PLOTSSP 则可以将环境文件中的声速剖面绘制并显示出来。

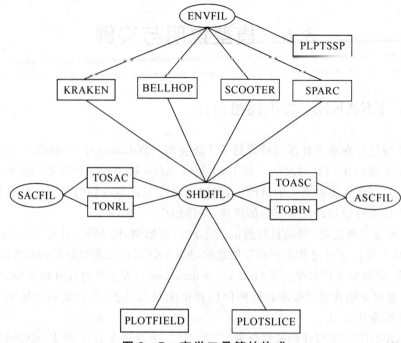

图 3 - 7　声学工具箱的构成

　　模型计算的声场结果会储存在一个二进制的"shade"文件中（SHDFIL）。PLOTFIELD 可以将这个二进制文件的结果转换成传播损失并绘制出距离与深度上的灰度图。顾名思义，PLOTSLICE 的用途是绘出固定接收深度上的传播损失。除了这些通用的功能，一些模型还有其独有的绘图程序，比如 BELLHOP 模型提供绘制声线的程序，KRAKEN 则可以绘制各阶的模态图。

　　KRAKEN 模型的计算原理如图 3 - 8 所示。首先我们可以发现 KRAKEN 实际是由三个不同的模型组成的：KRAKEN，KRAKENC 和 KRAKENL。对于大多数情况，KRAKEN 就可以胜任，后两个模型则常用于更精细的建模要求。

　　一个比较简单的传播损失计算需求通常由以下两个步骤完成：①KRAKEN 计算模态；②PLOTTLR 或 PLOTTLD 对模态求和并绘制随距离或深度的一维传播损失。而 PLOT-MODE 可以将各阶模态单独绘制出来，PLOTGRN 可以用于计算格林函数。

　　而对于二维传播损失的计算则需要三步：①KRAKEN 计算模态；②FIELD 对模态求和并计算声压场；③PLOTFIELD 绘制出二维传播损失结果。

　　三维计算与二维相似，不过要使用 FIELD3D 而不是 FIELD 来对模态求和并计算声压场。此外，三维计算需要使用 FLPFIL 来输入一个海底参数。PLOTTRI 用于绘制三维环境中的三角形拼接。而 FIELD3D 还可以描述输出水平折射的信息并由 PLOTRAYXY 绘制。

　　对于 KRAKEN，KRAKENC 和 KRAKENL，其区别如下：

　　KRAKEN：最常用的计算模型，允许计算弹性介质但其介质衰减被忽略。

　　KRAKENC：KRAKEN 使用微扰理论得到特征值的虚部，而 KRAKENC 则直接精确计算复特征值。KRAKENC 在计算泄漏模态或包含弹性介质衰减时的耗时比 KRAKEN 多了约三倍，在计算时 KRAKENC 将弹性介质等效为一个反射系数。

KRAKENL：和 KRAKENC 类似,但较少使用。

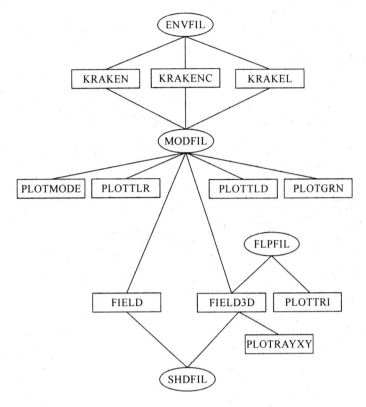

图 3 - 8　KRAKEN 模型的构成

现在结合一个实例来对 KRAKEN 程序的输入与输出文件进行介绍。

Files：

文件类型通道①描述

Input

∗.ENV	1	输入环境文件
∗.BRC	10	底部反射系数(可选择)
∗.TRC	11	顶部反射系数(可选择)
∗.IRC	12	内部反射系数(可选择)

Output

| ∗.PRT | 6 | 输出信息文件 |
| ∗.MOD | 20 | 模态信息文件 |

---

①　由于源程序由 Fortran 编译,所以此处指源代码中的通道号(unit number)。

一个典型的输入文件可以表示成如下形式：

```
'FRAMIV 'Twersky S/S ice scatter'        ! TITLE
50.0                                     ! FREQ (Hz)
4                                        ! NMEDIA
'NSF'                                    ! OPTIONS
0.0092   8.2   5.1                       ! BUMDEN (1/m)   ETA (m)   XI (m)
750   0.0   3750.0                       ! NMESH   SIGMA (m)   Z(NSSP)
0.0   1436.0   0.0   1.03/               ! Z(m)   CP   CS(m/s)   RHO(g/cm³)
30.0   1437.4 /
50.0   1437.7 /
80.0   1439.5 /
100.0   1441.9 /
125.0   1444.6 /
150.0   1450.0 /
175.0   1456.1 /
200.0   1458.4 /
250.0   1460.0 /
300.0   1460.5 /
350.0   1460.6 /
400.0   1461.0 /
450.0   1461.5 /
500.0   1462.0 /
600.0   1462.9 /
700.0   1463.9 /
800.0   1464.8 /
900.0   1465.8 /
1000.0   1466.7 /
1100.0   1467.0 /
1200.0   1469.0 /
1300.0   1469.5 /
1400.0   1471.8 /
1600.0   1474.5 /
1800.0   1477.0 /
2000.0   1479.6 /
2500.0   1487.9 /
3750.0   1510.4 /
```

```
35   0.0   3808.33
3750.0   1504.6      0.0   1.50    .15   0.0
   3808.33 1603.07 /
35   0.0   3866.66
   3808.33 1603.07      0.0   1.533   .15   0.0
   3866.66 1701.53 /
35   0.0   3925.0
   3866.66 1701.53      0.0   1.566   .15   0.0
3925.0   1800.0 /
'A'  0.0                         ! BOTOPT   SIGMA（m）
3925.0   1800.0      0.0   1.60    .15   0.0
0.0   1504.0                     ! CLOW   CHIGH（m/s）
300.0                            ! RMAX（km）
1                                ! NSD
100.0 /                          ! SD(1:NSD)（m）
1                                ! NRD
200.0 /                          ! RD(1:NRD)（m）
```

对各行参数的说明如下：

（1）TITLE：所处理问题的标题。

（2）FREQUENCY：频率，单位为 Hz。

（3）NUMBER OF MEDIA：介质层数（<20）。模型会将整个问题分解成多个分层介质，各层内部特性平稳变化。每当介质的密度发生不连续的跳变时，就应该在变化处增加一个流体或弹性的介质表面。注意，介质层数并不包含顶部和底部的半无限大空间。

（4）OPTIONS：

1）OPT（1：1）SSP 的插值方式

C：C-liner；

N：N2-liner，二次线性插值；

S：三次样条插值。

如果不确定选用哪种方法，建议的选择是"C"和"N"。

2）OPT（2：2）顶部边界条件

V：真空；

A：声学弹性半空间，如选择此项，需在顶部半空间性质中额外设置；

R：完全刚性；

F：由一个文件读入反射系数，需要额外设置；

S：绝对软。

3）OPT（3：3）衰减系数的单位

N：Nepers/m；

F：dB/(km · Hz)；

M：dB/m；

W：dB/λ，λ 表示波长；

Q：品质因数；

T：索普衰减公式(thorp attenuation formula)。

注意，KRAKEN 会忽略弹性介质的衰减系数，KRAKENC 则能有效处理。

4)OPT(4：4)额外的体积衰减

当选择"T"时添加。

5)OPT(5：5)Slow/robust foot - finder

"."，仅在 KRAKENC 中可用，用于精确求解所有阶模态，但会增加运算量。

(5)TOP HALFSPACE PROPERTIES：顶部半空间设置。

语法规则如下：

ZT CPT CST RHOT APT AST

参数描述如下：

ZT：深度(m)；

CPT：顶部的纵波速度(P - wave speed，m/s)；

CST：顶部的横波速度(S - wave speed，m/s)；

RHOT：顶部密度(g/cm^3)；

APT：顶部纵波衰减，其单位由(4)中 OPT(3：3)决定；

AST：顶部横波衰减，单位同上。

注意，仅当(4)中 OPT(2：2)＝A 时，此行才会定义。

(6)TOP REFLECTION COEFFICIENT：顶部反射系数。

仅当 OPT(2：2)＝F 时定义，详细说明见程序说明书。

(7)TWERSKY SCATTER PARAMETERS：非常用定义，详见程序说明书。

(8)MEDIUM INFO。

语法如下：

NMESH SIGMA Z(NSSP)

描述如下：

NMESH：进行计算的网格点数，一般要求垂直方向的每波长长度上 10 个网格左右，在弹性介质则更多，一般为 20 个。

如果设置为 0，则程序会自动计算。

SIGMA：表面均方根粗糙度。

Z(NSSP)：底部介质的深度(m)，用来判断声速剖面数据的最深处位置。

(9)声速剖面。

语法如下：

Z(1)   CP(1)   CS(1)   RHO(1)   AP(1)   AS(1)

Z(2)   CP(2)   CS(2)   RHO(2)   AP(2)   AS(2)

......

Z(NSSP)　CP(NSSP)　CS(NSSP)　RHO(NSSP)　AP(NSSP)　AS(NSSP)

描述如下：

Z(　)：深度(m)。

无论实测声速剖面的起始点深度为多少，都必须设置一个 0m 深度上的声速值。Z(1)和 Z(NSSP)必须和该层介质的上下表面深度相匹配。

CP(　)：纵波速度(P－wave speed,m/s)。

CS(　)：横波速度(S－wave speed,m/s)。

RHO(　)：密度(g/cm^3)。

AP(　)：纵波衰减，其单位由(4)中 OPT(3:3)决定。

AS(　)：横波衰减，单位同上。

除非 OPT(1:1)＝A，否则声速剖面输入不可忽略。

注意，某行如有"/"符号则表示该行此符号后的参数与上一行一致，在海水层中，一般横波速度即为 0，密度可设置为 1.0 或 1.03，其后的每行只需再设置不同深度上的纵波速度，其余以"/"代替。对于第一行而言，如果也设置"/"，则其"上一行"或默认参考的参数如下：

0.0　1500.0　0.0　1.0　0.0　0.0

(10)BOTTOM BOUNDARY CONDITION：底部边界条件设置。

语法：

BOTOPT　SIGMA

描述：

BOTOPT：底部边界条件参数

V：真空。

A：声学弹性半空间，如选择此项，需在底部半空间性质中额外设置。

R：完全刚性。

F：由一个文件读入反射系数，需要额外设置。

P：由一个文件读入内部反射系数(KRAKENC 可用)。

其中，"A"最常用于海底建模。

SIGMA：界面粗糙度(m)。

(11)底部半空间参数设置。

语法：

ZB　CPB　CSB　RHOB　APB　ASB

描述：

ZB：深度(m)；

CPB：底部纵波速度；

CSB：底部横波速度；

RHOB：密度(g/cm^3)；

APB：底部纵波衰减(单位由 OPT(3:3)决定)；

ASB:底部横波衰减(单位同上)。

(12)相速度限制。

语法:

CLOW　CHIGH

描述:

CLOW:最小相速度(m/s)。

如果设置为 0,则程序会自动计算。但是通过设置一个合适的最小值可以让程序跳过一些低阶模态,主要用于排除掉界面模态。

CHIGH:最大相速度(m/s)。

可以控制计算出的最大模态个数并节省计算时间,另一方面,通过调节 CHIGH 可以控制最大出射角。

注意,在计算深海环境时,模态阶数通常相当大,会显著影响到运算速度,此时限制最大相速度可以将高阶的模态排除掉(通常高阶模态对结果影响也很小)以节约运算时间。

(13)最大距离。

语法:

RMAX

描述:

RMAX:最大距离(km)

给出模型需要计算的最远距离。

(14)声源/接收深度。

语法:

NSD

SD(　)

NRD

RD(　)

描述:

NSD:声源个数;

SD(　):声源深度(m);

NRD:接收个数;

RD(　):接收深度(m)。

注意,声源与接收不能置于半空间中。

在正确输入.env 文件并运行 KRAKEN 后,会得到一个输出文档(＊.prt)和模态信息文件(＊.mod),可以从输出文档中得到部分模型结果信息,在此不再赘述。

再运行 FIELD,读入模态信息文件即可解算声场,在 MATLAB 环境下,另一种方法是调用声学工具箱中的 read_modes_bin.m 函数,在读取模态信息文件后自行计算出声场。下面详细介绍 FIELD 的输入文件参数设置。

Files:

	Name	Unit	Description
Input			
	*.FLP	5	声场参数文件
	*.MOD	30—99	模态信息文件
Output			
	*.PRT	6	输出文档文件
	*.SHD	25	声场结果文件

对于一个典型的.FLP 文件,其输入格式为

```
/,                      ! TITLE
'RA'                    ! OPT 'X/R', 'C/A'
9999                    ! M   (number of modes to include)
1                       ! NPROF
0.0                     ! RPROF(1:NPROF) (km)
501                     ! NR
200.0   220.0 /         ! R(1:NR)    (km)
1                       ! NSD
500.0 /                 ! SD(1:NSD)    (m)
1                       ! NRD
2500.0 /                ! RD(1:NRD)    (m)
1                       ! NRR
0.0 /                   ! RR(1:NRR)    (m)
```

对于与上文中相同含义的参数这里不再赘述。

(1)OPT:控制参数。

描述:

1)OPT(1:1):声源类型

R:点源;

X:线源。

2)OPT(2:2):简正波选择

C:耦合简正波;

A:绝热简正波。

3）OPT（3:3）：相干或非相干

C：相干；

I：非相干。

（2）模态个数：用于控制计算声场时使用的最大模态个数，如果设置值超过.mod 文件中读入的模态个数，则这些模态会被全部使用。

（3）PROFILE RANGES：剖面距离。

语法：

NPROF　RPROF（1:NPROF）

描述：

NPROF：声速剖面的个数。

RPROF：每个剖面的距离（km）。对于距离无关的问题，显然只有一个剖面。但 RPROF（1）必须为 0.0。

（4）声源/接收位置。

语法：

NR　R（1:NR）　NSD　SD（1:NSD）　NRD　RD（1:NRD）　NRR　RR（1:NRR）

描述：

NR：接收距离个数；

R（1:NR）：各个接收距离（km）；

NSD：声源个数；

SD（1:NSD）：各个声源深度（m）；

NRD：接收深度个数；

RD（1:NRD）：各个接收深度（m）；

NRR：接收距离位移，必须等于 NRD；

RR（1:NRR）：接收深度位移，如果是没有倾斜和偏移的垂直阵，则该向量全为 0。

以上为使用 KRAKEN 模型计算声场的基本流程，程序由 FORTRAN 语言实现，在实际使用时，KRAKEN 和 FILED 通常已被编译为可执行文件，只需编写好输入文件即可直接运行并得到结果，再读取输出文件，这些工作都能在 MATLAB 中完成。

3.6.2　实例计算

以一个简单的 Pekeris 浅海波导环境为例，设一个水深 100 m，海底为覆盖有一层 20 m 厚沉积层的半无限大空间，声速剖面为等声速，具体参数见表 3-1。

表 3-1　仿真环境参数设定

分层信息	声速/（m·s⁻¹）	密度/（g·cm⁻³）	衰减系数/（dB·λ⁻¹）	厚度/m
海水	1 500	1.03	0	100
沉积层	1 600	1.7	0.2	20
半无限大空间	1 800	2.0	0.2	—

其中声源深度为 25 m，频率为 100 Hz。其中环境文件如下：

```
'shallow_water'        ! Title
    100.00                   ! Frequency（Hz）
       2                     ! NMedia
'CVW'            ! Top Option
      0 0.00 100.00          ! N sigma depth
0.0    1500.00.01.0   0.00000.0 /  ! z c cs rho pt st
        10.0    1500.0 /      ! z c
        30.0    1500.0 /      ! z c
        40.0    1500.0 /      ! z c
        50.0    1500.0 /      ! z c
        60.0    1500.0 /      ! z c
        70.0    1500.0 /      ! z c
        80.0    1500.0 /      ! z c
        90.0    1500.0 /      ! z c
       100.0    1500.0 /      ! z c
      0 0.00 120.00          ! N sigma depth
       100.0   1600.00.01.7   0.20000.0 /            ! z c cs rho pt st
       120.0   1600.0 /       ! z c
'A'   0.00            ! Bottom Option，sigma
      120.0   1800.00.02.00.20.0            ! lower halfspace
        0    5000            ! cLow cHigh（m/s）
      50.00                  ! RMax（km）
        1                    ! NSD
25.000000   /               ! SD(1) … (m)
      121                    ! NRD
      0.000000 120.000000 /     ! RD(1) … (m)
```

场文件如下：

```
/，! Title
'RA' ! Option
9999   ! Mlimit (number of modes to include)
1   ! NProf
0.0 / ! rProf（km）
     501                    ! NR
     0.000000 50.000000 /     ! R(1)  (km)
       1                    ! NSD
25.000000   / ! SD(1) (m)
```

```
121                          ! NRD
   0.000000 120.000000 /     ! RD(1)(m)
121                          ! NRR
0.00   0.00 /                ! RR(1)(m)
```

可得到计算结果如图 3-9、图 3-10 所示。

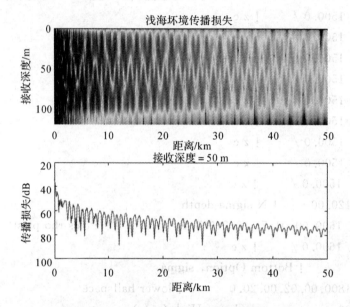

图 3-9 浅海环境下仿真的传播损失结果

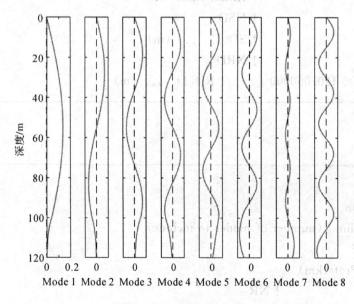

图 3-10 各阶模态图

接着以深海环境为例,同样地,环境参数设置见表 3-2。

表 3 - 2 仿真环境参数设定

分层信息	声速/(m·s⁻¹)	密度/(g·cm⁻³)	衰减系数/(dB·λ⁻¹)	厚度/m
海水	munkK	1.03	0	4 000
半无限大空间	1 700	1.6	0.2	—

声源深度为 300 m,频率为 100 Hz。其中,声速剖面为典型的深海 Munk 剖面。使用 KRAKEN 模型计算时,环境文件如下(限于篇幅,对写入声速剖面的部分进行了精简):

```
'munkK'        ! Title
   100.00              ! Frequency（Hz）
     1               ! NMedia
'CVW'      ! Top Option
     0 0.00 4000.00            ! N sigma depth
     0.0    1548.5     0.0      1.0      0.0000      0.0 /      ! z c cs rho pt st
    10.0    1547.4 /      ! z c
    20.0    1546.2 /      ! z c
    30.0    1545.1 /      ! z c
    40.0    1544.0 /      ! z c
    50.0    1542.9 /      ! z c
    60.0    1541.9 /      ! z c
    70.0    1540.8 /      ! z c
    80.0    1539.8 /      ! z c
    90.0    1538.8 /      ! z c
   100.0    1537.8 /      ! z c
   110.0    1536.9 /      ! z c
   120.0    1535.9 /      ! z c
   130.0    1535.0 /      ! z c
   140.0    1534.1 /      ! z c
   150.0    1533.2 /      ! z c
   160.0    1532.3 /      ! z c
   170.0    1531.5 /      ! z c
   180.0    1530.7 /      ! z c
   190.0    1529.9 /      ! z c
   200.0    1529.1 /      ! z c
     ……
   510.0    1511.1 /      ! z c
   760.0    1503.9 /      ! z c
   770.0    1503.7 /      ! z c
```

```
   780.0   1503.5 /      ! z c
   790.0   1503.3 /      ! z c
   800.0   1503.1 /      ! z c
......
  2000.0   1506.6 /      ! z c
  2200.0   1509.5 /      ! z c
  2400.0   1512.6 /      ! z c
  2600.0   1515.8 /      ! z c
  2800.0   1519.2 /      ! z c
  3000.0   1522.7 /      ! z c
  3200.0   1526.2 /      ! z c
  3400.0   1529.8 /      ! z c
  3600.0   1533.4 /      ! z c
  3800.0   1537.0 /      ! z c
  4000.0   1540.6 /      ! z c
'A'  0.00 /    ! /     !! Bottom Option, sigma
  4000.0   1700.0    0.0    1.6    0.2    0.0      lower halfspace
1200  20000 /      ! cLow cHigh (m/s)
 50.00 /                ! RMax (km)
   1 /                  ! NSD
300.000000  /      ! SD(1) ... (m)
  401 /               ! NRD
   0.000000 4000.000000/      ! RD(1) ... (m)
```

场文件如下：

```
/, ! Title
'RA' ! Option
9999   ! Mlimit (number of modes to include)
1   ! NProf
0.0 /  ! rProf (km)
  501             ! NR
   0.000000 50.000000 /     ! R(1)  (km)
   1             ! NSD
300.000000  /    ! SD(1) (m)
  401           ! NRD
   0.000000 4000.000000 /     ! RD(1)(m)
  401           ! NRR
```

0.00　0.00 /　　　　! RR(1)（m）`

可得到结果如图 3 - 11、图 3 - 12 所示。

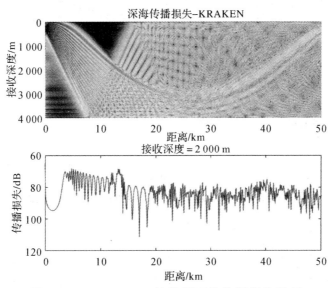

图 3 - 11　KRAKEN 计算得到的传播损失结果

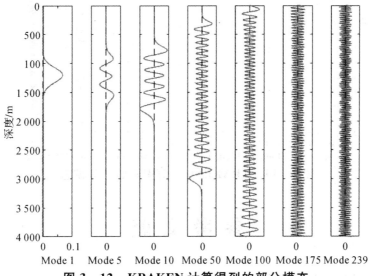

图 3 - 12　KRAKEN 计算得到的部分模态

可见在二维传播损失图中，在近距离处有一片明显的高传播损失区域，这是由于 KRA-KEN 模型不能计算泄漏模态导致的误差，扩展名为.prt 的文档显示此时计算出的模态阶数为239。在同样的条件下我们再用 KRAKENC 模型进行计算，可以得到如图 3 - 13、图3 - 14 所示的结果。由于考虑了泄漏模态的原因，近距离的高传播损失区域消失了，而且由输出文档可知，最大模态阶数为 526。

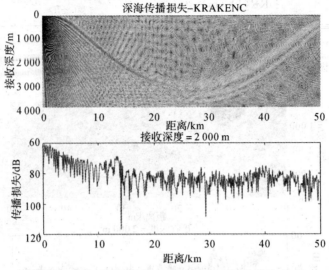

图 3 - 13　KRAKENC 计算得到的传播损失结果

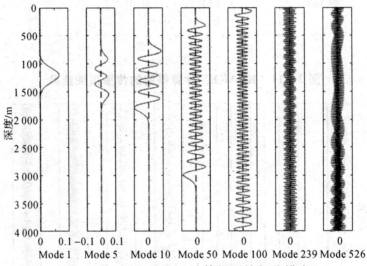

图 3 - 14　KRAKENC 计算得到的部分模态

参 考 文 献

[1]　PEKERIS C L. Theory of propagation of explosive sound in shallow water[J]. Geological Society of America,1948(27):1 - 117.

[2]　IDE J M,POST R F,FRY W J. The propagation of underwater sound at low frequencies as a function of the acoustic properties of the bottom[J]. Journal of the Acoustical Society of America, 1947,19(1):283.

[3]　WILLIAMS A O. Normal - mode methods in propagation of underwater sound[C]//R. W. B. Stephens. Underwater Acoustics,New York:Wiley - Interscience,1970.

[4] AKI K, RICHARDS P G. Quantitative Seismology: Theory and Methods[J]. Earth Science Reviews, 1980,17(3):296-297.

[5] STAKGOLD I. Green's Functions and Boundary-Value Problems[J]. Wiley,1979, 29(2):407-437.

[6] PORTER M B, REISS E L. A numerical method for bottom interacting ocean acoustic normal modes[J]. Journal of the Acoustical Society of America, 1985, 77(5): 1760-1767.

[7] EWING W M, JARDETZKY W S. PRESS F,et al. Elastic waves in layered media [M]. [S. l. :s. n.], 1957.

[8] EVANS R B. The existence of generalized eigenfunctions and multiple eigenvalues in underwater acoustics[J]. Journal of the Acoustical Society of America, 1992, 92(4): 2024-2029.

[9] BUCKER H P. Sound Propagation in a Channel with LossyBoundaries[J]. Journal of the Acoustical Society of America, 1970, 48(5B).

[10] STICKLER D C. Normal-mode program with both the discrete and branch line contributions[J]. Journal of the Acoustical Society of America, 1975, 57(4):856—861.

[11] WILKINSON J H. The Algebraic Eigenvalue Problem[M]. Oxford:Oxford University Press, 1965.

[12] PORTER M B, REISS E L. A note on the relationship between finite-difference and shooting methods for ODE eigenvalue problems[J]. Siam Journal on Numerical Analysic,1986,23(5):1034-1039.

[13] PORTER M B, REISS E L. A numerical method for ocean acoustic normal modes [J]. Journal of the Acoustical Society of America, 1984,76(1):244-252.

[14] JENSEN F B, FERLA C M. SNAP: The SACLANTCEN normal—mode acoustic propagation model[R]. SM-121. Undersea[S. l. :s. n.], 1979.

[15] PORTER M B. The KRAKEN normal mode program[R].[S. l. :s. n.], 1992.

[16] DOZIER L B, TAPPERT F D. Statistics of normal mode amplitudes in a random ocean[J]. Journal of the Acoustical Society of America, 1978,63(2):353-365.

[17] PORTER M B. The KRAKEN normal mode program[R]. Washington D. C. :United States Naval Research Laboratory, 1992.

第四章　抛物方程模型

4.1　概　　述

抛物方程模型(Parabolic Equation,PE)是波动方程的抛物型近似,最初应用于求解无线电波在大气中的传播问题,后来逐步应用于一些物理学中的分支,包括光学、等离子物理学、地震学和水声学等。

水声学中抛物方程模型的引入工作主要是由 Hardin 和 Tappert 在 20 世纪 70 年代完成的,主要是为了解决距离相关环境下的远距离低频声传播问题。他们基于快速傅里叶变换提出了一种有效的数值求解方案。此后,水声学中有关抛物方程模型的研究逐渐增多。从 PE 引入水声学开始到 1984 年期间,PE 的相关研究主要集中在理论模型、数值解法、弹性介质中的 PE 等领域[1-6]。从 1984 年到 1994 年,PE 进入了快速发展时期,出现了一大批研究成果[7-12],包括各类 PE 模型的开发(三维空间的 PE、后向散射 PE、弹性 PE、高阶 PE、广角度 PE 等),与 PE 相关的其他研究(边界条件的处理、PE 初始条件、相位误差的研究等),PE 的计算方法的研究等,也有人对 PE 和其他模型进行了比较。在 20 世纪的最后 5 年里,PE 相关的研究主要集中在边界条件的处理(海底的处理、非局部边界条件、弹性流体界面模型以及一些界面的计算方法和数值解法等),以及 PE 的应用(如三维问题、散射问题、传播时间的计算、全声场、海洋遥感、下坡损失、界面损失等)[13-16]。有关 PE 更详尽的发展历程,有兴趣的读者可以参考文献[17]。

目前遗留的问题主要有以下几个方面:能否找到一组可用的基准问题来评估这些 PE 模型并给出参考建议? 在这些可供选择的 PE 模型中哪些是可用的? 未来的需求是:对于包含强烈的界面作用、散射问题、弹性介质中的传播问题流体弹性界面、散射等情况的三维问题,没有一种可用的 PE 模型能够完全地处理。这也是未来主要的研究方向。

PE 法具有一些优点:①它能够快速地求解远程、低频、距离相关问题;②不需要处理远处的垂直界面边界;③相对于求解椭圆方程,PE 解法更加节省内存和计算时间。PE 也存在一定的缺陷,主要来自两个方面:一是数学模型本身的限制,二是求解过程中引入的限制。如由于模型假设上的限制,PE 方法不能计算近场,不能计算水平变化比较剧烈的声场,考虑反向散射比较复杂。另外,当频率比较高时,差分步长必须取的很小,计算量很大,计算时间很长。

本章主要讨论非弹性介质中简谐声源条件下抛物型波动方程的理论解及其数值解法,并介绍用于求解传播问题的模型工具箱。

4.2　抛物方程的推导

当波随时间做简谐运动时,波动方程可化为亥姆霍兹方程。密度不变介质中,在柱坐标系

中建立的亥姆霍兹方程为

$$\frac{\partial^2 p}{\partial r^2} + \frac{1}{r}\frac{\partial p}{\partial r} + \frac{\partial^2 p}{\partial z^2} + k_0^2 n^2 p = 0 \tag{4-1}$$

由于方位是对称的,因此亥姆霍兹方程中与角度有关的项为零。式中,$p = p(r,z)$ 表示声压,$k_0 = \omega/c_0$ 是参考波数,$n(r,z) = c_0/c(r,z)$ 是折射率。

下面介绍该方程的解法。

4.2.1 标准 PE 推导

取试探解

$$p(r,z) = \psi(r,z) H_0^{(1)}(k_0 r) \tag{4-2}$$

这是一个出射柱面波解,其中 $\psi(r,z)$ 表示声压的包络,随距离缓慢变化;$H_0^{(1)}(k_0 r)$ 是第一类贝塞尔方程的解,满足贝塞尔方程

$$\frac{\partial^2 H_0^{(1)}(k_0 r)}{\partial r^2} + \frac{1}{r}\frac{\partial H_0^{(1)}(k_0 r)}{\partial r} + k_0^2 H_0^{(1)}(k_0 r) = 0 \tag{4-3}$$

当 $k_0 r \gg 1$ 时,也即是远场情况下,有如下近似:

$$H_0^{(1)}(k_0 r) \approx \sqrt{\frac{2}{\pi k_0 r}} e^{i(k_0 r - \frac{\pi}{4})} \tag{4-4}$$

将式(4-2)、式(4-3)代入式(4-1)中,并引入近似式(4-4)可得

$$\frac{\partial^2 \psi}{\partial r^2} + 2ik_0\frac{\partial \psi}{\partial r} + \frac{\partial^2 \psi}{\partial z^2} + k_0^2(n^2 - 1)\psi = 0, \quad k_0 r \gg 1 \tag{4-5}$$

这是一个椭圆型波动方程,为了导出标准抛物型波动方程,引入近轴近似

$$\frac{\partial^2 \psi}{\partial r^2} \ll 2ik_0\frac{\partial \psi}{\partial r} \tag{4-6}$$

这是一种小角度近似。将式(4-6)代入式(4-5)可得

$$2ik_0\frac{\partial \psi}{\partial r} + \frac{\partial^2 \psi}{\partial z^2} + k_0^2(n^2 - 1)\psi = 0 \tag{4-7}$$

式(4-7)便是 Hardin 和 Tappert 引入水声学中的标准抛物型波动方程,由于在推导的过程中引入了小角度近轴近似,因此该式适用于小角度传播的声场计算。

4.2.2 广义 PE 推导

在式(4-5)的基础上,引入不同的近似条件,可以得出不同的近似方程。式(4-7)表示的标准抛物型波动方程一般适用于偏离主传播方向 $10°\sim15°$ 的声场计算。为了导出适用于更大的角度传播的方程,考虑利用近年来日益流行的算符表达形式,对式(4-5)进行更加精确的逼近。

定义算符表达式

$$P = \frac{\partial}{\partial r}, \quad Q = \sqrt{n^2 + \frac{1}{k_0^2}\frac{\partial^2}{\partial z^2}} \tag{4-8}$$

利用式(4-8)可将式(4-5)重新写为

$$\left[P^2 + 2\mathrm{i}k_0 P + k_0^2(Q^2-1)\right]\psi = 0 \tag{4-9}$$

将上式按照输出波和输入波进行因式分解,可得

$$(P + \mathrm{i}k_0 - \mathrm{i}k_0 Q)(P + \mathrm{i}k_0 + \mathrm{i}k_0 Q)\psi - \mathrm{i}k_0[P,Q]\psi = 0 \tag{4-10}$$

式中,$[P,Q]\psi = PQ\psi - QP\psi$,当 $n \equiv n(z)$ 时(即折射率在水平方向相同)$PQ\psi = QP\psi$,于是有 $P\psi = \mathrm{i}k_0(Q-1)\psi$,即

$$\frac{\partial \psi}{\partial r} = \mathrm{i}k_0\left(\sqrt{n^2 + \frac{1}{k_0^2}\frac{\partial^2}{\partial z^2}} - 1\right)\psi \tag{4-11}$$

式(4-11)就是广义抛物型波动方程,它来源于输出波分量,因此是一个单向波动方程。此式的成立基于以下假设:①远场情况;②换位子项 $[P,Q]$ 可以忽略;③反向散射可以忽略,也就是说,式(4-11)只适用于与距离有微弱关系的环境。尽管如此,依然可以通过设置较小的距离步进,来实现对距离相关环境下声场的计算。由于式中含有平方根算符 Q,妨碍了方程的求解,还需要进一步对平方根算符 Q 进行合理的近似。

4.2.3 平方根算符的展开

令

$$\varepsilon = n^2 - 1, \quad \mu = \frac{1}{k_0^2}\frac{\partial^2}{\partial z^2}, \quad q = \varepsilon + \mu \tag{4-12}$$

则 Q 可以写为

$$Q = \sqrt{1+q} \tag{4-13}$$

对 $\sqrt{1+q}$ 做泰勒展开,有

$$\sqrt{1+q} = 1 + \frac{q}{2} - \frac{q^2}{8} + \frac{q^3}{16} - \cdots, \quad |q| < 1 \tag{4-14}$$

前面提到,可通过对 Q 进行合理的近似来获得便于求解的波动方程。这里如果 q 满足 $|q| < 1$,则可以通过 Q 的泰勒级数来对 Q 进行近似。下面说明 q 确实满足 $|q| < 1$。

考虑声压包络为 $\psi(r,z)$ 的试探解

$$\psi(r,z) = \mathrm{e}^{\mathrm{i}(k_r r \pm k_z z)} \tag{4-15}$$

式中,k_r 和 k_z 分别表示水平波数和垂直波数,且满足

$$k^2 = k_r^2 + k_z^2 \tag{4-16}$$

设 θ 为传播方向与水平方向的夹角,则有

$$\sin\theta = \pm\frac{k_z}{k} \tag{4-17}$$

利用式(4-15)可以算出微分算子

$$\mu = \frac{1}{k_0^2}\frac{\partial^2}{\partial z^2} = -\frac{k_z^2}{k_0^2} \tag{4-18}$$

将式(4-17)带入式(4-18)可得

$$u = -n^2 \sin^2\theta \tag{4-19}$$

这里利用了期涅尔定律

$$n = \frac{\cos\theta_0}{\cos\theta} \tag{4-20}$$

于是可得

$$q = \varepsilon + \mu = (n^2 - 1) - n^2 \sin^2\theta = -\sin^2\theta_0 \qquad (4-21)$$

上式说明,若将 c_0 取为声源处的声速,算符 q 就仅仅与声源辐射角度 θ 有关。因此靠近水平方向传播时, q 确实为小量,将 $\sqrt{1+q}$ 在 $q = 0$ 处展开也相当于引入了近轴近似。

如果取 $Q = \sqrt{1+q}$ 的泰勒级数展开的前两项,即

$$Q \approx 1 + \frac{q}{2} = 1 + \frac{n^2 - 1}{2} + \frac{1}{2k_0^2} \frac{\partial^2}{\partial z^2} \qquad (4-22)$$

并代入式(4-11),可得

$$\frac{\partial \psi}{\partial r} = \frac{\mathrm{i}k_0}{2}\left(n^2 - 1 + \frac{1}{k_0^2} \frac{\partial^2}{\partial z^2}\right)\psi \qquad (4-23)$$

这就是前面导出的标准型抛物方程式(4-7)。

可以看出,平方根算符 Q 的级数展开形式可用于推导适用于大角度传播的方程。从原理上看,可以保留 $Q = \sqrt{1+q}$ 的泰勒级数中的一些高阶项,但是 q 的二次幂或者更高次幂的出现会使数值求解变得复杂。

除了泰勒级数之外,平方根算符还有其他的有理近似公式,已证明这些近似是可行的。它们的一般形式为

$$\sqrt{1+q} \approx \frac{a_0 + a_1 q}{b_0 + b_1 q} \qquad (4-24)$$

式(4-24)中系数 a_0, a_1, b_0, b_1 的选取要以给定的角度范围内误差最小为准则,Tappert,Claerbout 和 Greene 给出了三种不同系数。

$$\text{Tappert:} \sqrt{1+q} \approx 1 + 0.5q \qquad (4-25)$$

$$\text{Claerbout:} \sqrt{1+q} \approx \frac{1 + 0.75q}{1 + 0.25q} \qquad (4-26)$$

$$\text{Greene:} \sqrt{1+q} \approx \frac{0.99987 + 0.79624q}{1 + 0.30102q} \qquad (4-27)$$

式(4-25)即为泰勒级数的前两项,由此可导出标准 PE。式(4-26)是 Claerbout 得出的大角度 PE 的一组近似形式。式(4-27)是 Greene 以 $0° \sim 40°$ 角度范围内相位误差最小为准则导出的大角度 PE,可见式(4-27)与式(4-26)十分相似。

由此得出的抛物型波动方程具有如下形式:

$$A_1 \frac{\partial \psi}{\partial r} + A_2 \frac{\partial^3 \psi}{\partial z^2 \partial r} = A_3 \psi + A_4 \frac{\partial^2 \psi}{\partial z^2} \qquad (4-28)$$

式中,

$$A_1 = b_0 + b_1(n^2 - 1)$$

$$A_2 = \frac{b_1}{k_0^2}$$

$$A_3 = \mathrm{i}k_0\left[(a_0 - b_0) + (a_1 - b_1)(n^2 - 1)\right]$$

$$A_4 = \mathrm{i}\frac{(a_1 - b_1)}{k_0}$$

这种方程利用数值解法求解起来十分方便,如有限差分法或有限元法。

下面介绍一种基于 Pade 级数展开的甚大角度范围的广义 PE。算符 $\sqrt{1+q}$ 的 Pade 级数

展开式为

$$\sqrt{1+q} = 1 + \sum_{j=1}^{m} \frac{a_{j,m}q}{1+b_{j,m}q} + O(q^{2m+1}) \tag{4-29}$$

式中，$a_{j,m} = \frac{2}{2m+1}\sin^2(\frac{j\pi}{2m+1})$；$b_{j,m} = \cos^2(\frac{j\pi}{2m+1})$，$j = 1,2,\cdots,m$，$m$ 是展开式中的项数。当 $m = 1$ 时，式(4-29)即变为式(4-22)。通过保留更多的项数，可以覆盖前向传播波的几乎全部 $\pm 90°$ 的范围。对于大部分海洋声学问题，至多保留 5 项就足以处理了。

将式(4-29)带入式(4-11)，可得

$$\frac{\partial \psi}{\partial r} = ik_0 \Big[\sum_{j=1}^{m} \frac{a_{j,m}(n^2 - 1 + \frac{1}{k_0^2}\frac{\partial^2}{\partial z^2})}{1 + b_{j,m}(n^2 - 1 + \frac{1}{k_0^2}\frac{\partial^2}{\partial z^2})} \Big]\psi \tag{4-30}$$

该方程可用有限差分法或有限元法求解。这是一种实际上消除了大角度传播有关的固有相位误差的 PE 近似。

4.2.4　相位误差分析

抛物型波动方程是在对椭圆型抛物方程中的微分算符进行线性有理近似得到的，存在着固有的相位误差，下面对该误差进行分析。假定介质是分层的，折射率仅与深度有关。以 Claerbout 给出的算法近似形式为例，将式(4-26)代入广义单向波动方程式(4-11)可得

$$\frac{\partial \psi}{\partial r} = ik_0 \left(\frac{1 + 0.75q}{1 + 0.25q} - 1 \right)\psi \tag{4-31}$$

根据算符 q 的定义，将式(4-12)代入式(4-31)可得

$$\left(k^2(z) + 3k_0^2 + \frac{\partial^2}{\partial z^2} \right) \frac{\partial \psi}{\partial r} = 2ik_0\left(k^2(z) - k_0^2 + \frac{\partial^2}{\partial z^2} \right)\psi \tag{4-32}$$

式(4-32)可用分离变量法求解。令

$$\psi(r,z) = \Phi(r)\Psi(z) \tag{4-33}$$

式中，$\Phi(r)$ 仅与距离有关；$\Psi(z)$ 仅与深度有关。将式(4-33)代入式(4-32)可得

$$\left(\frac{d^2\Psi}{dz^2} + k^2(z)\Psi \right)\left(\frac{d\Phi}{dr} - 2ik_0\Phi \right) + \left(3k_0^2\frac{d\Phi}{dr} + 2ik_0^3\Phi \right)\Psi = 0 \tag{4-34}$$

令

$$k_{rm}^2\Psi = \frac{d^2\Psi}{dz^2} + k^2(z)\Psi \tag{4-35}$$

则

$$3ik_0^2\frac{d\Phi}{dr} + 2ik_0^3\Phi = -k_{rm}^2\left(\frac{d\Phi}{dr} - 2ik_0\Phi \right) \tag{4-36}$$

将式(4-36)、式(4-35)代入式(4-34)可得

$$\frac{d^2\Psi}{dz^2} + (k^2(z) - k_{rm}^2)\Psi = 0 \tag{4-37}$$

$$\frac{d\Phi}{dr} - ik_0\frac{2k_{rm}^2 - 2k_0^2}{3k_0^2 + k_{rm}^2}\Phi = 0 \tag{4-38}$$

式(4-37)的解是幅度函数为 $\Psi_m(z)$，水平波数为 k_m 的一组正弦波。也就是说，在这一特定

抛物近似条件下,简正波是以正确的幅度和模态进行传播的。可以证明,这一结果对于所有基于线性有理函数近似的 PE 式(4-28)都是正确的。

径向部分的解为

$$\Phi(r) = \Phi(r_0)\exp\left[ik_0\left(\frac{-2k_0^2 + 2k_{rm}^2}{3k_0^2 + k_{rm}^2}\right)(r - r_0)\right] \tag{4-39}$$

结合式(4-2)可知,最初分解出来的距离关系是 $H_0^{(1)}(k_0 r)$,它在远场产生相位因子 $\exp(ik_0 r)$,于是可得

$$p(r,z) = p(r_0,z)\sqrt{\frac{r_0}{r}}\exp\left[ik_0\left(\frac{k_0^2 + 3k_{rm}^2}{3k_0^2 + k_{rm}^2}\right)(r - r_0)\right] \tag{4-40}$$

亥姆霍兹方程的解中,正确的相位为 $\exp[ik_m(r - r_0)]$。取参考波数 $k_0 = k_m$,其物理含义是使第 m 个模式的相位误差为零。则水平波数

$$k_{rm} = k_m\cos\theta_m = k_0\cos\theta_m \tag{4-41}$$

将式(4-41)代入式(4-40)中,可以得到 Claerbout 方程中的模式相位为

$$\varphi = \frac{1 + 3\cos^2\theta_m}{3 + \cos^2\theta_m} \tag{4-42}$$

在亥姆霍兹方程中的相位为 $\cos\theta_m$,忽略下标 m 并以 $\sin^2\theta$ 表示相角,可以得出

$$\varphi = \sqrt{1 - \sin^2\theta}, \quad \text{Helmholtz} \tag{4-43}$$

$$\varphi = \frac{1 - 0.75\sin^2\theta}{1 - 0.25\sin^2\theta}, \quad \text{Claerbout} \tag{4-44}$$

对比式(4-44)、式(4-43)和式(4-21)、式(4-26)可以发现,我们其实是用 $-\sin^2\theta$ 的有理函数近似来表示亥姆霍兹方程中的实际传播角 $\sqrt{1 - \sin^2\theta}$。按照同样的方法,依次写出前面已经讨论过的几种抛物近似法的相位,可得

$$\left.\begin{aligned}
&Q = \sqrt{1 - \sin^2\theta}, \text{Helmholtz} \\
&Q_1 = 1 - \frac{1}{2}\sin^2\theta, \text{Tappert} \\
&Q_2 = \frac{1 - 0.75\sin^2\theta}{1 - 0.25\sin^2\theta}, \text{Claerbout,Pade(1)} \\
&Q_3 = \varphi = \frac{0.99987 - 0.79624\sin^2\theta}{1 - 0.30102\sin^2\theta}, \text{Greene} \\
&Q_4 = 1 - \frac{0.31820\sin^2\theta}{1 - 0.65451\sin^2\theta} - \frac{0.36180\sin^2\theta}{1 - 0.09549\sin^2\theta}, \text{Pade(2)}
\end{aligned}\right\} \tag{4-45}$$

定义相位误差为 $|Q - Q_i|$,图4-1给出了相位误差随角度的变化。从图中可以看出,Tappert 方程、Claerbout 方程和 Pade 方程的相位误差随传播角的增大而增大,而 Greene 方程的相位误差在 $0° \sim 40°$ 范围内变化很小。相位误差最小的显然是 Pade 方程(Pade 系数为5),它在主传播方向 $\pm 60°$ 范围内,相位误差都很小。保留更多项的 Pade 级数,可以使得在几乎 $\pm 90°$ 范围的相位误差都很小,但是这是以大量的计算量为代价的。而且随着 Pade 系数的增加,这种大角度能力提高的速度也越来越慢。一般保留5项 Pade 级数就可以解决大部分的海洋声学问题。

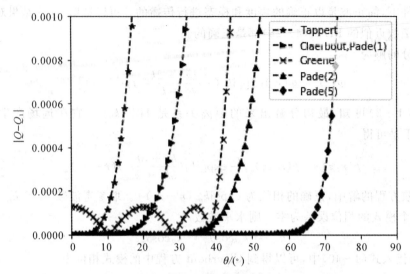

图 4 - 1　不同抛物方程近似法的相位误差与传播角的关系

4.3　边界条件和初始条件

4.3.1　边界条件

抛物型波动方程描述了空间内声压的分布规律,若想获得空间内整个声场的信息,还需要明确方程的初始条件和边界条件,即如何处理海面和海底的问题。

海面一般视为自由表面,是压力释放界面,因此满足

$$\psi(r,0) = 0 \tag{4-46}$$

即海面处的声压恒为零。在很多数值解法中,这一条件都很容易实现。

海底的情况则比较复杂,一般很难确定海底处的声压所满足的解析条件。一种比较可行的方案是利用均匀半空间来模拟海底延续部分的辐射条件从而把解域限定在某个深度($0 \leqslant z \leqslant z_{\max}$)以内。具体的方法是人为地设置一段吸收层以保证从下界面 $z = z_{\max}$ 上反射的能量可以忽略不计。

求解抛物型波动方程还需要知道初始计算距离 r_0 处的声压随深度的分布 $\psi(r_0,z)$,原则上可以利用实测的具有一定复杂辐射图案的声源所产生的沿深度分布的声场作为初始场,而实际上我们主要关心的是如何建立点源模型,进一步而言,是要建立开角与所求解 PE 的角度限制相一致的有限波束声源模型(也即 PE 的初始条件)。

4.3.2　初始条件

4.3.2.1　数值初始条件

射线模型、简正波模型、波数积分模型都可以用来产生初始距离 r_0 处沿深度分布的声场。

不过简正波初始条件有着一些优良的特性,它可以提供水平分层介质中点声源的初始场,这非常适用于声源附近的海洋环境与距离不相关的情况。此外,在远场条件下,则只需要考虑离散模式谱。

(1)简正波初始条件。根据简正波理论求得的归一化的简正波场为

$$p(r,z) = \frac{1}{\rho(z_s)} \sqrt{\frac{2\pi}{r}} \sum_{m=1}^{M} \frac{\Psi_m(z_s) \Psi_m(z)}{\sqrt{k_{rm}}} \exp\left[i\left(k_{rm}r - \frac{\pi}{4}\right)\right] \qquad (4-47)$$

式中,ρ 为密度;$\Psi_m(z)$ 为特征函数;k_{rm} 为特征值;z_s 为声源深度。

根据式(4-2)引入其简化形式有

$$p(r,z) = \frac{\psi(r,z)}{\sqrt{r}} e^{i(k_0 r - \frac{\pi}{4})} \qquad (4-48)$$

将式(4-47)代入式(4-48)可得

$$\psi(0,z) = \frac{\sqrt{2\pi}}{\rho(z_s)} \sum_{m=1}^{M} \frac{\Psi_m(z_s) \Psi_m(z)}{\sqrt{k_{rm}}} \qquad (4-49)$$

这便是简正波初始条件。如果仅考虑离散模式谱,则声源处的角度谱被限制在 $\theta_1 = \arccos(c_0/c_{max})$ 的半宽度之内,这里 c_0 是声源处的声速,c_{max} 是海底中的最大声速。需要注意的是,简正波声源对于深度没有限制,但是当声源处于下坡海底上时,则不适合使用这种离散模式的初始条件,因为此时一部分连续的模式谱能够耦合到传播谱中。在这样的环境下,需使用具有大角度谱的声源。PE 自初始条件就具有大角度传播的能力。

(2)自初始条件。在远场条件下,柱坐标系下的亥姆霍兹方程化为

$$\frac{\partial^2 p}{\partial^2 r} + \frac{\partial^2 p}{\partial z^2} + k_0^2 n^2 p = 0 \qquad (4-50)$$

式(4-50)可因式分解为输入波和输出波乘积的形式,即

$$\left(\frac{\partial}{\partial r} + ik_0\sqrt{1+q}\right)\left(\frac{\partial}{\partial r} - ik_0\sqrt{1+q}\right)p = 0 \qquad (4-51)$$

式中,算符 q 与前文中的定义是一致的。只取输出波分量可得

$$\frac{\partial p}{\partial r} = ik_0\sqrt{1+q}\,p \qquad (4-52)$$

于是可求出方程(4-50)的形式解为

$$p(r,z) = \exp(ik_0 r\sqrt{1+q})p(0,z) \qquad (4-53)$$

对于一个位于深度 $z=z_0$ 平面上的线声源,假定介质是分层的,则声压满足

$$\frac{\partial^2 p}{\partial^2 r} + \frac{\partial^2 p}{\partial z^2} + k_0^2 n^2 p = 2i\delta(r)\delta(z-z_0) \qquad (4-54)$$

对式(4-54)在初始点附近任意小的距离范围内积分,可得

$$\lim_{r \to 0^+} \frac{\partial p}{\partial r} = i\delta(z-z_0) \qquad (4-55)$$

将式(4-52)代入式(4-55)可得

$$k_0\sqrt{1+q}\,p(0,z) = \delta(z-z_0) \qquad (4-56)$$

由于声源处奇异,在 $r=0$ 处的初始值无法数值估算,可通过估计 $r=r_0$ 处的声场来避免,这里 r_0 近似为一个波长。将形式解(4-53)代入式(4-56)可得

$$p(r_0, z) = \frac{\exp(\mathrm{i}k_0 r_0 \sqrt{1+q})}{k_0 \sqrt{1+q}} \delta(z - z_0) \tag{4-57}$$

对于点声源,自初始条件需要做一些修正,这里略去推导过程,直接给出结果:

$$p(r_0, z) = \frac{\exp(\mathrm{i}k_0 r_0 \sqrt{1+q})}{\sqrt{k_0 \sqrt{1+q}}} \delta(z - z_0) \tag{4-58}$$

这里需要指出的是,PE 自初始条件的精度与简正波初始条件一样,但是计算量相对少了很多。它适用于所有的边界条件,具有大角度传播的能力,与介质随深度变化的特性有关,也适用于声源附近介质随深度急剧变化的情况;当声源处于界面附近时,还能够适当地激发界面波。总之,PE 自初始条件具有十分优秀的性能,在计算海洋声学中被广泛地使用。

4.3.2.2 解析初始条件

解析初始条件一般都与均匀介质中亥姆霍兹方程点源解的远场形式一致,不过人们根据不同的约束条件导出了各类适用于不同条件下的解析初始条件。

(1)高斯声源。Tappert 最初通过限制声源开角使其与特定的抛物型波动方程的角度限制相一致提出了一种用于标准 PE 的高斯型初始条件,该初始条件具有如下形式:

$$\psi(0, z) = A\exp\left(-\frac{(z - z_s)^2}{W^2}\right) \tag{4-59}$$

式中,A 是有效声源级;W 是波束宽度;z_s 是声源深度。为了确定 A 和 W,我们按照 Brock 的方法来推导一下。结合标准抛物型波动方程式(4-7),可以求得声场解为

$$\psi(r, z) = \frac{A}{\sqrt{1 + \dfrac{\mathrm{i}2r}{k_0 W^2}}} \exp\left[-\frac{(z - z_s)^2}{W^2\left(1 + \dfrac{\mathrm{i}2r}{k_0 W^2}\right)}\right] \tag{4-60}$$

可以看出这是一个关于 z 的高斯型分布,且随着距离的增大,峰值减小,束宽增大。(具体的求解过程用到了数学物理方程的相关知识。)

远场条件下声压模值与包络有如下关系

$$|p|^2 = \frac{\psi\psi^*}{r} \tag{4-61}$$

式中,"$*$"表示复共轭。将式(4-60)代入式(4-61)可得

$$|p|^2 = \frac{k_0 A^2 W^2}{2r^2\sqrt{1 + \xi}} \exp\left[-\frac{k_0 W^2 (z - z_s)^2}{2r^2(1 + \xi)}\right] \tag{4-62}$$

式中,$\xi = \dfrac{k_0^2 W^4}{4r^2}$,在远场条件下满足 $\xi \ll 1$,略去 ξ 有关的项并保留式(4-62)中指数部分级数展开的前两项可得

$$|p|^2 \simeq \frac{k_0 A^2 W^2}{2r^2}\left(1 - \frac{k_0 W^2 (z - z_s)^2}{2r^2}\right) \tag{4-63}$$

均匀介质中归一化的点源声场满足

$$|p|^2 = \frac{1}{R^2}, \quad R^2 = r^2 + (z - z_s)^2 \tag{4-64}$$

即

$$|p|^2 = \frac{1}{r^2\left(1 + \dfrac{(z - z_s)^2}{r^2}\right)} \tag{4-65}$$

当 $r \gg (z - z_s)$ 时,这在远场时很容易满足,展开式(4-65)中的第二个因式可得

$$|p|^2 = \frac{1}{r^2}(1 - \frac{(z - z_s)^2}{r^2}) \qquad (4-66)$$

比较式(4-63)和式(4-66)不难得出

$$A = \sqrt{k_0}, \quad W = \frac{\sqrt{2}}{k_0} \qquad (4-67)$$

于是我们就得到了标准的高斯声源

$$\psi(0, z) = \sqrt{k_0} \exp[-\frac{k_0^2}{2}(z - z_s)^2] \qquad (4-68)$$

高斯声源已经得到了广泛的应用,它特别适合用于标准抛物型波动方程。但对于大角度传播的问题,则需要使用较大角度的初始条件。

(2)格林声源。格林声源具有大角度传播的能力。

$$\psi(0, z) = \sqrt{k_0}[1.4467 - 0.4201 k_0^2 (z - z_s)^2] \exp[-\frac{k_0^2 (z - z_s)^2}{3.0512}] \qquad (4-69)$$

这是一种加权的高斯形式。

(3)汤姆森声源。汤姆森声源由汤姆森(Thomson)提出,它模拟均匀半空间中点声源的谱,也就是把海面边界条件加入到声源谱中。在垂直波数空间中,汤姆森声源表达式为

$$\psi(0, k_z) = \sqrt{\frac{8\pi}{k_0}} \sin(k_z z_s) (1 - \frac{k_z^2}{k_0^2})^{-\frac{1}{4}}, \quad 0 \leqslant |k_z| \leqslant k_0 \sin\theta_1 \qquad (4-70)$$

式中,θ_1 是声源的半波束宽度。在这个开角之外,$\psi(0, k_z) = 0$。z 空间的初始条件可以通过逆傅里叶变换得到,即

$$\psi(0, z) = F^{-1}\{\psi(0, k_z)\} \qquad (4-71)$$

对于均匀半空间中严格按照单向波动方程传播的点源,汤姆森声源可以提供正确的远场解。这就意味着该声源可适用于甚大角度的 PE,并且通过减小在垂直波数空间的积分区间就可很容易地得到波束限定的开角(这是因为当 $k_z = m\pi/z_s$ 时,$\sin(k_z z_s) = 0$)。

(4)广义高斯声源。在远场声压的表达式(4-62)中,忽略 ξ 相关的项并引入相对于水平面的传播角 $\tan\theta = (z - z_s)/r$,可得

$$|p|^2 \simeq \frac{k_0 A^2 W^2}{2r^2} \exp(-\frac{k_0 W^2}{2} \tan^2\theta) \qquad (4-72)$$

将波束宽度 θ_1 定义为相对于主轴方向声能量衰减为 $\frac{1}{e}$ 对应的角度。于是由式(4-72)可求得

$$W^2 = \frac{2}{k_0^2 \tan^2\theta_1} \qquad (4-73)$$

利用同样的方法,通过式(4-72)与式(4-66)的比较可得出声源幅度

$$A = \sqrt{k_0} \tan\theta_1 \qquad (4-74)$$

于是广义高斯声源可写为

$$\psi(0, z) = \sqrt{k_0} \tan\theta_1 \exp[-\frac{k_0^2}{2}(z - z_s)^2 \tan^2\theta_1] \exp[i k_0 (z - z_s) \sin\theta_2] \qquad (4-75)$$

式中,θ_1 表示声源开角的半宽度,θ_2 表示波束相对水平面的倾角,顺时针方向为正方向。当 $\theta_1 = 45°$ 时,便得到了标准高斯声源。广义高斯声源可用于模拟声源指向海面或者海底的情况,不过当波束开角的半宽度大于 $45°$ 时,更适合使用格林声源或汤姆森声源。

本节所讨论的几种解析初始条件都是在介质均匀的情况下导出的,当声源位于边界附近时,要做一些特别的处理。汤姆森声源已经将海面边界条件考虑在内,对于其他类型的声源,需要减去虚声源的贡献,即

$$\psi(0,z) = \psi(0,z-z_s) - \psi(0,z+z_s) \tag{4-76}$$

这样可以满足海面边界条件 $\psi(r,0) = 0$。海底边界条件则很难在设计解析声源时考虑在内,而且当声源距海底的距离在一个波长以内时,通常认为解析初始条件是不合适的。

4.4 抛物方程的解法

在 4.2 节中推导了几种不同的抛物型波动方程,这类方程的优点之一是它是一类距离初值问题,只要给定初始距离上沿深度分布的声源场,就可以不断地在距离方向上向前推进求解。在水声领域广泛运用的便有分裂步进傅里叶技术、有限差分技术和有限元技术。

分裂步进傅里叶技术是由 Hardin 和 Tappert 20 世纪 70 年代提出的,一直被用于求解标准 PE。这种方法对于可忽略海底影响的远程小角度传播问题有着较高的计算效率。近程深海和浅海问题通常是大角度传播问题,海底的作用比较明显,因此需要使用大角度 PE,而大角度 PE 往往只能用有限差分法或有限元法才能求解。当海水海底界面处声速与密度变化较大时,分裂步进法需要非常细密的计算网格 $(\Delta r, \Delta z)$,这时该方法计算效率高的优点也就不复存在了。

有限差分法和有限元法的主要缺点是处理海底影响较小的小角度问题时的计算效率没有分裂步进法高,而很多实际的海洋声学问题都属于这类问题。不过在对于有海底影响的大角度传播问题,它们更为适用且精确。

Collins 开发了一种高效的 PE 解法——分裂步进帕德解法,他用指数算子和平方根算子组合算子的高阶 Pade 近似式来代替之前使用的平方根算子的高阶 Pade 近似式,从而可以使用较大的距离步进,这样就显著地提高了计算效率。

4.4.1 分裂步进傅里叶算法

首先以标准 PE 为例,推导其解法。然后基于广义算符形式做更完善的推导。

利用傅里叶变换对

$$\psi(r,z) = \int_{-\infty}^{+\infty} \Psi(r,k_z) e^{ik_z z} dk_z \tag{4-77}$$

$$\Psi(r,k_z) = \frac{1}{2\pi} \int_{-\infty}^{+\infty} \psi(r,z) e^{-ik_z z} dz \tag{4-78}$$

式中,k_z 为波数,对标准 PE 式(4-7)作正向傅里叶变换,并整理可得

$$\frac{\partial \Psi}{\partial r} + \frac{k_0^2(n^2-1) - k_z^2}{2ik_0} \Psi = 0 \tag{4-79}$$

这是一阶线性微分方程,其解为

$$\Psi(r,k_z) = \Psi(r_0,k_z) e^{\frac{k_0^2(n^2-1)-k_z^2}{2ik_0}(r-r_0)} \tag{4-80}$$

对式(4-80)作逆向傅里叶变换可得

$$\psi(r,z) = e^{\frac{ik_0^2}{2}(n^2-1)(r-r_0)} \int_{-\infty}^{+\infty} \Psi(r_0,k_z) e^{-\frac{i(r-r_0)}{2k_0}k_z^2} e^{ik_z z} \, dk_z \tag{4-81}$$

记距离增量 $r-r_0$ 为 Δr ,正向傅里叶变换为 F ,逆向傅里叶变换为 F^{-1} ,则式(4-81)可写为

$$\psi(r,z) = e^{\frac{ik_0^2}{2}[n^2(r_0,z)-1]\Delta r} F^{-1}\{e^{-\frac{i\Delta r}{2k_0}k_z^2} F\{\psi(r_0,z)\}\} \tag{4-82}$$

这就是 Hardin 和 Tappert 为求解标准 PE 提出的分裂步进傅里叶算法。虽然该声场的解是在介质均匀的情况下导出的,但是后面将会证明,由 $n = n(r,z)$ 引起的误差为 $O(\Delta r^2)$ 。只要选取较小的距离步进 Δr 就可以使该误差任意地小。

下面基于广义算符形式推导另一种解法。引入算符

$$A = \frac{ik_0}{2}[n^2(r,z)-1], \quad B = \frac{i}{2k_0}\frac{\partial^2}{\partial z^2} \tag{4-83}$$

则可将标准 PE 式(4-7)写为

$$\frac{\partial \psi}{\partial r} = (A+B)\psi = U(r,z)\psi \tag{4-84}$$

式中, $U = A+B$ 是与 r 和 z 有关的复合算符,不难看出 $A = A(r,z)$ 是乘法算符, $B = B(z)$ 是微分算符。式(4-84)的解具有如下形式:

$$\psi(r,z) = \exp\Big[\int_{r_0}^{r_0+\Delta r} U(r,z)\,dr\Big]\psi(r_0,z)$$

$$\simeq e^{\widetilde{U}\Delta r}\psi(r_0,z) \tag{4-85}$$

这里用 $\widetilde{U}$ 近似地表示 $U(r,z)$ 在距离区间 Δr 内的变化特性,后面会证明这样做引起的误差为 $O((\Delta r)^2)$ 或 $O((\Delta r)^3)$,具体的阶次由选取的 $\widetilde{U}$ 值决定。

下一步便是对指数算符 $e^{(A+B)\Delta r}$ 进行分裂运算,这里给出了以下四种分裂形式:

$$e^{(A+B)\Delta r} \simeq e^{A\Delta r}e^{B\Delta r} \tag{4-86}$$

$$e^{(A+B)\Delta r} \simeq e^{B\Delta r}e^{A\Delta r} \tag{4-87}$$

$$e^{(A+B)\Delta r} \simeq e^{\frac{A}{2}\Delta r}e^{B\Delta r}e^{\frac{A}{2}\Delta r} \tag{4-88}$$

$$e^{(A+B)\Delta r} \simeq e^{\frac{B}{2}\Delta r}e^{A\Delta r}e^{\frac{B}{2}\Delta r} \tag{4-89}$$

式中, $e^{A\Delta r}$ 项都是乘法算符,在数值上很容易处理; $e^{B\Delta r}$ 项要通过傅里叶变换进行计算。

下面以式(4-86)的 $e^{B\Delta r}$ 为例,来说明指数算符 B 的含义。记

$$v(r_0,z) = e^{B\Delta r}\psi(r_0,z), \quad B = \frac{i}{2k_0}\frac{\partial^2}{\partial z^2} \tag{4-90}$$

进行指数展开,可得

$$v(r_0,z) = \Big[1 + \Delta r B + \frac{(\Delta r)^2}{2}BB + \cdots\Big]\psi(r_0,z)$$

$$= \Big[1 + \frac{i\Delta r}{2k_0}\frac{\partial^2}{\partial z^2} + \frac{1}{2}\Big(\frac{i\Delta r}{2k_0}\Big)^2\frac{\partial^4}{\partial z^4} + \cdots\Big]\psi(r_0,z) \tag{4-91}$$

式(4-91)便清楚地表明了 B 的含义,对其进行傅里叶变换可得

$$V(r_0,k_z) = \Big[1 - \frac{i\Delta r}{2k_0}k_z^2 - \frac{1}{2}\Big(\frac{i\Delta r}{2k_0}\Big)^2 k_z^4 - \cdots\Big]\Psi(r_0,k_z)$$

$$= e^{-\frac{i\Delta r}{2k_0}k_z^2}\Psi(r_0,k_z) \tag{4-92}$$

对式(4-92)进行逆变换,可得

$$v(r_0, z) = F^{-1}\{e^{-\frac{i\Delta r}{2k_0}k_z^2}F\{\psi(r_0, z)\}\} \tag{4-93}$$

式(4-93)便是在变换空间内计算指数算符 B 的方法,按照这种方法,不难得出按照式(4-86)~式(4-89)对算符进行分裂时 PE 方程对应的解分别为

$$\psi_1(r, z) = e^{\frac{ik_0}{2}[n^2(r_0,z)-1]\Delta r}F^{-1}\{e^{-\frac{i\Delta r}{2k_0}k_z^2}F\{\psi(r_0, z)\}\} \tag{4-94}$$

$$\psi_2(r, z) = F^{-1}\{e^{-\frac{i\Delta r}{2k_0}k_z^2}F\{e^{\frac{ik_0}{2}[n^2(r_0,z)-1]\Delta r}\psi(r_0, z)\}\} \tag{4-95}$$

$$\psi_3(r, z) = e^{\frac{ik_0}{4}[n^2(r_0,z)-1]\Delta r}F^{-1}\{e^{-\frac{i\Delta r}{2k_0}k_z^2}F\{e^{\frac{ik_0}{4}[n^2(r_0,z)-1]\Delta r}\psi(r_0, z)\}\} \tag{4-96}$$

$$\psi_4(r, z) = F^{-1}\{e^{-\frac{i\Delta r}{4k_0}k_z^2}F\{e^{\frac{ik_0}{2}[n^2(r_0,z)-1]\Delta r}F^{-1}\{e^{-\frac{i\Delta r}{4k_0}k_z^2}F\{\psi(r_0, z)\}\}\}\} \tag{4-97}$$

在以上几种形式的解中,折射率 $n(r_0, z)$ 都是在距离 r_0 处计算的。可以看出,前两种形式在结构上很相似,误差也近似。后两种形式在结构上也很类似,误差也近似。

需要注意的是,通过式(4-94)可以发现,它使用了两段步骤来计算:第一步是假定介质均匀而只计算衍射效应;第二步是通过 $n(r_0, z)$ 将折射效应考虑在内。这也从一个方面说明了 Tappert 所开创的分裂步进傅里叶算法的真实意义。

下面对分裂步进傅里叶算法的误差进行一下简单的分析。由于分裂步进算法是从式(4-84)开始推导的,

$$\psi' = U\psi = (A + B)\psi \tag{4-98}$$

这里 ψ' 表示对距离的一阶导数,假定在距离 r_j 处的 $\psi_j = \psi(r_j, z)$ 已知。为了求得在距离 $r_{j+1} = r_j + \Delta r$ 处的声场,可利用 $\psi(r, z)$ 的泰勒展开式

$$\psi_{j+1}(r, z) = \psi_j + \psi'_j\Delta r + \psi''_j\frac{(\Delta r)^2}{2} + \psi'''_j\frac{(\Delta r)^3}{6} + \cdots \tag{4-99}$$

将式(4-98)代入式(4-99),只保留至 $(\Delta r)^3$,可得

$$\psi_{j+1} = [1 + U\Delta r + (U' + U^2)\frac{(\Delta r)^2}{2} + (U'' + 2UU' + U'U + U^3)\frac{(\Delta r)^3}{6}]_j\psi_j \tag{4-100}$$

后面将以这个解作为基准解。

第一类误差:

在推导声场解的时候,在式(4-85)引入了近似式 $\int_{r_0}^{r_0+\Delta r}U(r, z)\mathrm{d}r \simeq \tilde{U}\Delta r$,显然只有当 U 与距离无关时,两边是等价的。此时对式(4-85)做泰勒级数展开,可得

$$\psi_{j+1} = [1 + U\Delta r + U^2\frac{(\Delta r)^2}{2} + U^3\frac{(\Delta r)^3}{6}]_j\psi_j \tag{4-101}$$

与式(4-100)相比,两者的固有误差为

$$E_1 = [U'_j\frac{(\Delta r)^2}{2} + O((\Delta r)^3)]\psi_j \tag{4-102}$$

这里 $U'_j = A'_j = \frac{ik_0}{2}\frac{\partial n^2}{\partial r}$。因此该部分误差具有 $(\Delta r)^2$ 量级,而且与折射率的水平梯度成正比。

如果 U 在距离间隔 Δr 范围内呈线性变化,则有

$$\tilde{U} = U_j + U'_j\frac{\Delta r}{2} \tag{4-103}$$

这里 U_j 表示间隔中点的值，U'_j 表示 U 在 U_j 处对距离的一阶导数。此时的固有误差为

$$\tilde{E}_1 = \frac{(\Delta r)^3}{12}(2U'' + UU' - U'U)_j \psi_j \qquad (4-104)$$

可以看出，此时的误差在 $(\Delta r)^3$ 量级。

第二类误差：

下面分析由算符分裂形式 $(4-86) \sim (4-89)$ 引起的误差。首先考虑较为简单的分裂形式 $(4-86)$

$$e^{(A+B)\Delta r} \simeq e^{A\Delta r}e^{B\Delta r} \qquad (4-105)$$

仿照第一类误差的分析方法，将指数函数展开到 $(\Delta r)^3$，并与式 $(4-100)$ 相比较，可得此时的误差为

$$E_2 = -\frac{(\Delta r)^2}{2}(AB - BA)\psi_j = -\frac{(\Delta r)^2}{2}[A, B]\psi_j \qquad (4-106)$$

式中，换位子 $[A, B]\psi$ 按下式计算：

$$[A, B]\psi = \frac{1}{4}\left(\frac{\partial^2 n^2}{\partial z^2}\psi + 2\frac{\partial n^2}{\partial z}\frac{\partial \psi}{\partial z}\right) \qquad (4-107)$$

可见，分裂形式 $(4-86)$ 引起的误差在 $(\Delta r)^2$ 量级，且与声速的垂直梯度（通过 n）有关。由于声速的垂直梯度往往比水平梯度大几个数量级，因此，第二类误差远比第一类误差要严重很多。

通过降低算符 A 和 B 的不可互换性的影响，可以显著地降低第二类误差。分裂形式 $(4-88)$ 和 $(4-89)$ 就具有这种特性。类似地，我们可以得到分裂形式 $(4-88)$ 引起的误差为

$$E = \frac{(\Delta r)^3}{6}BAB - \frac{(\Delta r)^3}{12}(AB^2 + B^2A + ABA) + \frac{(\Delta r)^3}{24}(A^2B + BA^2)$$

$$= \frac{(\Delta r)^3}{24}(2B[A, B] - [A, B]2B + A[A, B] - [A, B]A) \qquad (4-108)$$

可以看出，该误差在 $(\Delta r)^3$ 量级。在均匀介质中，全部的误差项都变为零，可以在分裂步进算法中使用任意大的步进。但是在非均匀介质中，为了保持较小的误差，需设置较小的距离步进。从式 $(4-108)$ 中还可以看出，误差与声速的垂直梯度呈正比，因此当处理海水海底界面时需要设置较小的深度步进，这就使得计算效率大打折扣。

综合以上分析，我们可以看出，由分裂形式 $(4-88)$ 导出的声场解 $(4-96)$ 相对于其他三种声场解更具有优越性。

4.4.2　有限差分和有限元法

有限差分法（IFD）和有限元法都是将物理问题及其解转化为离散形式，以便于数值计算。对于一个给定的问题，用这两种方法得到的方程组往往是类似的，因此这里主要讨论求解抛物型波动方程的有限差分法。关于这两种方法的优、缺点，有学者认为，有限元方法可以用于求解垂直网格间距可变的情况，因此更适合处理倾斜的界面，有限差分法处理网格大小均匀的问题较为简单方便。

上一小节中讨论的分裂步进法只是用于几个小角度 PE，有限差分法则对小角度 PE 和大角度 PE 都适用。为了说明这一点，我们借助式 $(4-11)$ 表示的广义 PE，推导相应的有限差分公式。

4.4.2.1 有限差分法的原理

(1)考虑水平界面的声场方程。将远场亥姆霍兹方程作为基本波动方程,即

$$\frac{\partial^2 \psi}{\partial r^2} + 2ik_0 \frac{\partial \psi}{\partial r} + \frac{\partial^2 \psi}{\partial z^2} + k_0^2(n^2 - 1)\psi = 0, k_0 r \gg 1 \tag{4-109}$$

边界条件为

$$\psi_1(r, z_B) = \psi_2(r, z_B) \tag{4-110}$$

$$\frac{1}{\rho_1} \frac{\partial \psi_1}{\partial z}\bigg|_{z_B} = \frac{1}{\rho_2} \frac{\partial \psi_2}{\partial z}\bigg|_{z_B} \tag{4-111}$$

考虑一个水平分层的界面,如图 4-2 所示,图中上层为介质 1,下层为介质 2,网格大小为 $(\Delta r, \Delta z)$,l 和 m 分别是表征深度和距离的量,如 ψ_l^m 表示界面处的声场变量,ψ_{l-1}^m 表示介质 1 中的声场变量,ψ_{l+1}^m 表示介质 2 中的声场变量,假设 m 处的声场是已知的。

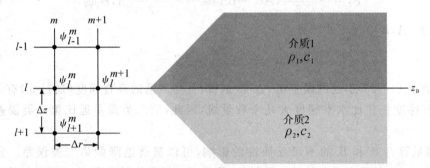

图 4-2 界面示意图

对于介质 1 而言,界面上的声场变量 ψ_l^m 记为 ψ_1,则其满足式(4-109),即

$$\frac{\partial^2 \psi_1}{\partial r^2} + 2ik_0 \frac{\partial \psi_1}{\partial r} + \frac{\partial^2 \psi_1}{\partial z^2} + k_0^2(n_1^2 - 1)\psi_1 = 0, k_0 r \gg 1 \tag{4-112}$$

ψ_{l-1}^m 在 ψ_l^m 处的泰勒展开式为

$$\psi_{l-1}^m = \psi_l^m - \Delta z \frac{\partial \psi_l^m}{\partial z} + \frac{(\Delta z)^2}{2} \frac{\partial^2 \psi_l^m}{\partial z^2} + \cdots \tag{4-113}$$

于是得到

$$\frac{\partial^2 \psi_l^m}{\partial z^2} = -\frac{2}{(\Delta z)^2}(\psi_l^m - \psi_{l-1}^m) + \frac{2}{\Delta z} \frac{\partial \psi_l^m}{\partial z} \tag{4-114}$$

将式(4-114)中的 ψ_l^m 用 ψ_1 替换并代入式(4-112),可得

$$\frac{\partial \psi_1}{\partial z} = -\frac{\Delta z}{2}\left[\frac{\partial^2 \psi_1}{\partial r^2} + 2ik_0 \frac{\partial \psi_1}{\partial r} + k_0^2(n_1^2 - 1)\psi_1 - \frac{2}{(\Delta z)^2}(\psi_1 - \psi_{l-1}^m)\right] \tag{4-115}$$

这便是介质 1 界面上的声场满足的方程。

对于介质 2,不难证明声场满足的方程为

$$\frac{\partial \psi_2}{\partial z} = \frac{\Delta z}{2}\left[\frac{\partial^2 \psi_2}{\partial r^2} + 2ik_0 \frac{\partial \psi_2}{\partial r} + k_0^2(n_2^2 - 1)\psi_2 + \frac{2}{(\Delta z)^2}(\psi_{l+1}^m - \psi_2)\right] \tag{4-116}$$

将边界条件式(4-110)、式(4-111)与式(4-115)、式(4-116)联立可得

$$\frac{\partial^2 \psi}{\partial r^2} + 2ik_0 \frac{\partial \psi}{\partial r} + k_0^2 \frac{\rho_2}{\rho_1 + \rho_2}(n_1^2 + \frac{\rho_1}{\rho_2}n_2^2)\psi - k_0^2 \psi +$$

$$\frac{2}{(\Delta z)^2} \frac{\rho_2}{\rho_1 + \rho_2}\left(\psi_{l-1}^m - \frac{\rho_1 + \rho_2}{\rho_2}\psi_l^m + \frac{\rho_1}{\rho_2}\psi_{l+1}^m\right) = 0 \tag{4-117}$$

式中，$\psi = \psi_1 = \psi_2$。该方程适用于具有不同声速和密度的两种介质分开的水平界面。在均匀介质中，$n_1 = n_2 = n, \rho_1 = \rho_2$，则式（4-117）简化为

$$\frac{\partial^2 \psi}{\partial r^2} + 2ik_0 \frac{\partial \psi}{\partial r} + k_0^2(n^2 - 1)\psi + \frac{\psi_{l+1}^m - 2\psi_l^m + \psi_{l-1}^m}{(\Delta z)^2} = 0 \tag{4-118}$$

可见，式（4-118）与远场亥姆霍兹方程式（4-109）是一样的，只是对深度的二阶导数被有限差分形式取代了。

为了方便书写，引入以下记号

$$\Gamma_{zz}\psi = \frac{2}{(\Delta z)^2} \frac{\rho_2}{\rho_1 + \rho_2}\left(\psi_{l-1}^m - \frac{\rho_1 + \rho_2}{\rho_2}\psi_l^m + \frac{\rho_1}{\rho_2}\psi_{l+1}^m\right) \tag{4-119}$$

$$\eta = \frac{\rho_2}{\rho_1 + \rho_2}\left(n_1^2 + \frac{\rho_1}{\rho_2}n_2^2\right) - 1 \tag{4-120}$$

$$G = k_0^2 \eta + \Gamma_{zz} \tag{4-121}$$

利用以上记号可将式（4-117）重新写为

$$\frac{\partial^2 \psi}{\partial r^2} + 2ik_0 \frac{\partial \psi}{\partial r} + G\psi = 0 \tag{4-122}$$

如果将 G 写为

$$G = k_0^2(Q^2 - 1) \tag{4-123}$$

那么方程（4-122）就与椭圆型波动方程（4-9）（或者说双向亥姆霍兹方程）一样了。参照式（4-11），可直接写出式（4-122）的单向输出波解为

$$\frac{\partial \psi}{\partial r} = ik_0(Q - 1)\psi = ik_0(\sqrt{1+q} - 1)\psi \tag{4-124}$$

式中，$q = G/k_0^2$。式（4-124）便是适用于水平界面的广义抛物型波动方程。

（2）PE 的有限差分公式表示。为了求解式（4-124），将其写成如下差分形式：

$$\frac{\psi^{m+1} - \psi^m}{\Delta r} = ik_0(\sqrt{1+q} - 1)\frac{\psi^{m+1} + \psi^m}{2} \tag{4-125}$$

整理可得

$$\left[1 - \frac{ik_0 \Delta r}{2}(\sqrt{1+q} - 1)\right]\psi^{m+1} = \left[1 + \frac{ik_0 \Delta r}{2}(\sqrt{1+q} - 1)\right]\psi^m \tag{4-126}$$

接着，引入算子 $\sqrt{1+q}$ 的有理函数近似式

$$\sqrt{1+q} \simeq \frac{a_0 + a_1 q}{b_0 + b_1 q} \tag{4-127}$$

前面已经讨论过，这种近似形式包含了 Tappert，Claerbout 和 Greene 三种熟知的 PE 形式。当然也可以选择 Pade 级数的近似形式，不过这样会导出不同形式的差分表达式。将算符的有理近似形式（4-127）代入式（4-126），并考虑到 $q = G/k_0^2 = \eta + \Gamma_{zz}/k_0^2$，可得

$$\left\{1 - \frac{ik_0 \Delta r}{2}\left[\frac{a_0 + a_1\left(\eta + \frac{\Gamma_{zz}}{k_0^2}\right)}{b_0 + b_1\left(\eta + \frac{\Gamma_{zz}}{k_0^2}\right)} - 1\right]\right\}\psi^{m+1} = \left\{1 + \frac{ik_0 \Delta r}{2}\left[\frac{a_0 + a_1\left(\eta + \frac{\Gamma_{zz}}{k_0^2}\right)}{b_0 + b_1\left(\eta + \frac{\Gamma_{zz}}{k_0^2}\right)} - 1\right]\right\}\psi^m \tag{4-128}$$

假设算子 $b_0 + b_1(\eta + \Gamma_{zz}/k_0^2)$ 在一个距离步进内是常数，则上式可以简化为

$$\left\{b_0 + b_1\eta - \frac{ik_0 \Delta r}{2}\left[(a_0 - b_0) + (a_1 - b_1)\eta\right]\right\}\psi^{m+1} + \frac{1}{k_0^2}\left[b_1 - \frac{ik_0 \Delta r}{2}(a_1 - b_1)\right]\Gamma_{zz}\psi^{m+1} =$$

$$\left\{ b_0 + b_1\eta + \frac{\mathrm{i}k_0\Delta r}{2}\left[(a_0 - b_0) + (a_1 - b_1)\eta\right]\right\}\psi^m + \frac{1}{k_0^2}\left[b_1 + \frac{\mathrm{i}k_0\Delta r}{2}(a_1 - b_1)\right]\Gamma_{zz}\psi^m$$

$$(4-129)$$

进一步定义

$$\left.\begin{aligned}
w_1 &= b_0 + \frac{\mathrm{i}k_0\Delta r}{2}(a_0 - b_0)\\[2mm]
w_1^* &= b_0 - \frac{\mathrm{i}k_0\Delta r}{2}(a_0 - b_0)\\[2mm]
w_2 &= b_1 + \frac{\mathrm{i}k_0\Delta r}{2}(a_1 - b_1)\\[2mm]
w_2^* &= b_1 - \frac{\mathrm{i}k_0\Delta r}{2}(a_1 - b_1)
\end{aligned}\right\}$$

$$(4-130)$$

将式(4-130)、式(4-119)代入式(4-129),可得

$$\left(\frac{w_1^*}{w_2^*} + \eta\right)\psi_l^{m+1} + \frac{1}{k_0^2}\left[\frac{2}{(\Delta z)^2}\frac{\rho_2}{\rho_1 + \rho_2}\right]\left(\psi_{l-1}^{m+1} - \frac{\rho_1 + \rho_2}{\rho_2}\psi_l^{m+1} + \frac{\rho_1}{\rho_2}\psi_{l+1}^{m+1}\right) =$$

$$\frac{w_1 + w_2\eta}{w_2^*}\psi_l^m + \frac{1}{k_0^2}\frac{w_2}{w_2^*}\left[\frac{2}{(\Delta z)^2}\frac{\rho_2}{\rho_1 + \rho_2}\right]\left(\psi_{l-1}^m - \frac{\rho_1 + \rho_2}{\rho_2}\psi_l^m + \frac{\rho_1}{\rho_2}\psi_{l+1}^m\right)$$

$$(4-131)$$

利用式(4-120)将上式整理为向量形式,可得

$$[1,u,v]\begin{bmatrix}\psi_{l-1}^{m+1}\\\psi_l^{m+1}\\\psi_{l+1}^{m+1}\end{bmatrix} = \frac{w_2}{w_2^*}[1,\hat{u},v]\begin{bmatrix}\psi_{l-1}^m\\\psi_l^m\\\psi_{l+1}^m\end{bmatrix}$$

$$(4-132)$$

式中,

$$\left.\begin{aligned}
u &= (1+v)\left[\frac{k_0^2\,(\Delta z)^2}{2}\left(\frac{w_1^*}{w_2^*}\right) - 1\right] + \frac{k_0^2\,(\Delta z)^2}{2}\left[(n_1^2 - 1) + v(n_2^2 - 1)\right]\\[2mm]
\hat{u} &= (1+v)\left[\frac{k_0^2\,(\Delta z)^2}{2}\left(\frac{w_1}{w_2}\right) - 1\right] + \frac{k_0^2\,(\Delta z)^2}{2}\left[(n_1^2 - 1) + v(n_2^2 - 1)\right]\\[2mm]
v &= \frac{\rho_1}{\rho_2}
\end{aligned}\right\}$$

$$(4-133)$$

最后,将上式推广至 N 个深度,可得

$$\boldsymbol{A}\boldsymbol{\psi}^{m+1} = \boldsymbol{B}\boldsymbol{\psi}^m$$

$$(4-134)$$

式中,$\boldsymbol{\psi}^{m+1} = \begin{bmatrix}\psi_1^{m+1} & \psi_2^{m+1} & \psi_3^{m+1} & \cdots & \psi_{N-2}^{m+1} & \psi_{N-1}^{m+1} & \psi_N^{m+1}\end{bmatrix}^\mathrm{T}$;$\boldsymbol{\psi}^m = \begin{bmatrix}\psi_1^m & \psi_2^m & \psi_3^m & \cdots & \psi_{N-2}^m & \psi_{N-1}^m & \psi_N^m\end{bmatrix}^\mathrm{T}$。

$$\boldsymbol{A} = \begin{bmatrix}
u_1 & v_1 & & & & &\\
1 & u_2 & v_2 & & & &\\
& 1 & u_3 & v_3 & & &\\
& & \ddots & \ddots & \ddots & &\\
& & & 1 & u_{N-2} & v_{N-2} &\\
& & & & 1 & u_{N-1} & v_{N-1}\\
& & & & & 1 & u_N
\end{bmatrix}, \boldsymbol{B} = \left(\frac{w_2}{w_2^*}\right)\begin{bmatrix}
\hat{u}_1 & v_1 & & & & &\\
1 & \hat{u}_2 & v_2 & & & &\\
& 1 & \hat{u}_3 & v_3 & & &\\
& & \ddots & \ddots & \ddots & &\\
& & & 1 & \hat{u}_{N-2} & v_{N-2} &\\
& & & & 1 & \hat{u}_{N-1} & v_{N-1}\\
& & & & & 1 & \hat{u}_N
\end{bmatrix}$$

可见,只要给定初始声场和环境参数,即可按照式(4-134)不断地推进求解。业已证明,这

种数值解法是绝对稳定的。需要说明的是,式中的三对角矩阵可以对称化处理,这样有助于数值求解。具体的做法是按行乘以适当的密度比,即第二行乘以 v_1,第三行乘以 $v_1 v_2$,依此类推。

4.4.2.2　有限差分法的误差分析

上述推导过程同样是基于远场亥姆霍兹方程,因此可以按照第 4.5 节中的误差分析方法进行分析。依然取基准解为

$$\psi_{j+1} = \left[1 + U\Delta r + (U' + U^2)\frac{(\Delta r)^2}{2} + (U'' + 2UU' + U'U + U^3)\frac{(\Delta r)^3}{6} \right]_j \psi_j$$

$$(4-135)$$

标准抛物方程的有限差分形式为

$$\frac{\psi_{j+1} - \psi_j}{\Delta r} = \frac{U_{j+1}\psi_{j+1} + U_j\psi_j}{2} \qquad (4-136)$$

可解出

$$\psi_{j+1} = \frac{1 + U_j\dfrac{\Delta r}{2}}{1 - U_{j+1}\dfrac{\Delta r}{2}} \psi_j \qquad (4-137)$$

将分母展开为级数,取至 $(\Delta r)^3$,得到

$$\psi_{j+1} = \left(1 + U_j\frac{\Delta r}{2} \right)\left(1 + U_{j+1}\frac{\Delta r}{2} + U_{j+1}^2\frac{(\Delta r)^2}{4} + U_{j+1}^3\frac{(\Delta r)^3}{8} \right)\psi_j \qquad (4-138)$$

然后利用 U_{j+1} 在 U_j 处的泰勒展开式

$$U_{j+1} = U_j + U'_j\Delta r + U''_j\frac{(\Delta r)^2}{2} + \cdots \qquad (4-139)$$

从式(4-138)中消去 U_{j+1},并将结果取至 $(\Delta r)^3$,可得

$$\psi_{j+1} = \left[1 + U\Delta r + (U' + U^2)\frac{(\Delta r)^2}{2} + (U'' + 2UU' + U'U + U^3)\frac{(\Delta r)^3}{4} \right]_j \psi_j \qquad (4-140)$$

将式(4-140)与基准解(4-135)比较,可得由差分形式(4-136)引起的误差为

$$E = -\frac{(\Delta r)^3}{12}(U'' + 2UU' + U'U + U^3)_j\psi_j \qquad (4-141)$$

可见,该误差在 $(\Delta r)^3$ 量级。需要注意的是,这里仅讨论了标准 PE 的一种有限差分形式引起的误差,而本节给出的 IFD 公式对于几种类型的 PE 都适用,但其他类型 PE 的差分形式所引起的误差还没有讨论,此外在推导 IFD 公式的过程中,将算子 $b_0 + b_1(\eta + \Gamma_{zz}/k_0^2)$ 近似看作常数,这也会引起一定的误差,该部分误差也没有讨论在内。关于更为完善的误差分析,有兴趣的读者可以参考 McDaniel 和 Lee 等人的文献。

4.5　介质密度变化与吸收

4.5.1　密度可变问题的处理

海底对于传播影响的一个重要方面就是海水-海底界面以及海底内部的密度变化。为了计及这一点,需要求解可变密度的简化波动方程

$$\rho \nabla \cdot \left(\frac{1}{\rho} \nabla p \right) + k_0^2 n^2 p = 0 \tag{4-142}$$

式中，∇ 是梯度算符。定义

$$\tilde{p} = p / \sqrt{\rho} \tag{4-143}$$

将式（4-143）代入方程（4-142），可得

$$\nabla^2 \tilde{p} + k_0^2 \tilde{n} \tilde{p} = 0 \tag{4-144}$$

式中，

$$\tilde{n}^2 = n^2 + \frac{1}{2k_0^2} \left[\frac{1}{\rho} \nabla^2 \rho - \frac{3}{2\rho^2} (\nabla \rho)^2 \right] \tag{4-145}$$

可以看出，密度的变化可以通过求解变量为 $\tilde{p} = p / \sqrt{\rho}$ 的标准亥姆霍兹方程来计入，其中与密度有关的折射率用式（4-145）表示。该变量同样适用于各种抛物型波动方程。因此，如果将前面讨论过的声场的数值解记为 $\tilde{\psi}(r, z)$，则计及密度影响的声场解为

$$\psi(r, z) = \tilde{\psi}(r, z) \sqrt{\rho(r, z)} \tag{4-146}$$

在考虑密度变化时，我们只关心水平分层的界面（实际的情况大都如此），于是在式（4-145）中只需考虑深度方向的变化，即

$$\tilde{n}^2 = n^2 + \frac{1}{2k_0^2} \left[\frac{1}{\rho} \frac{\partial^2 \rho}{\partial z^2} - \frac{3}{2\rho^2} \left(\frac{\partial \rho}{\partial z} \right)^2 \right] \tag{4-147}$$

当密度不连续变化时，会使得导数无穷大，因此需要对界面附近的密度进行平滑处理，Tappert 引入了一种平滑函数

$$\rho(z) = \frac{1}{2} (\rho_1 + \rho_2) + \frac{1}{2} (\rho_2 - \rho_1) \tanh \left(\frac{z - D_0}{L} \right) \tag{4-148}$$

式中，D_0 是界面所处的深度；L 是密度从 ρ_1 变化到 ρ_2 经过的深度范围。需要注意的是，分层界面处的密度不连续变化会产生声波的反射效应，为了正确地模拟在界面上的反射效应，要求 L 必须小于波长的垂直投影。一般取

$$k_0 L = 2 \tag{4-149}$$

该结果可以推广至密度随深度任意变化的情况。通常我们在实际中使用的海底被简化为若干层密度不变的介质，在每一个密度跳跃点上，需要使用式（4-148）进行平滑处理。

4.5.2 体积衰减问题的处理

体积衰减是按照标准形式在介质波数中附加一个小的虚部 $i\alpha$ 引入的，即

$$k = \frac{\omega}{c} + i\alpha, \quad \alpha > 0 \tag{4-150}$$

式中，α 表示衰减系数，单位为 Np/m，可按照下式转化为水声学中常用的单位 dB/λ，

$$\alpha_{\mathrm{dB}/\lambda} = -20 \lg \left(\frac{e^{-\alpha(r+\lambda)}}{e^{-\alpha r}} \right) = \alpha \lambda 20 \lg e \tag{4-151}$$

式中，λ 表示波长。

将式(4-150)写成跟折射率有关的形式,可得

$$n^2 = \left(\frac{k}{k_0}\right)^2 \simeq \left(\frac{c_0}{c}\right)^2 \left(1 + \mathrm{i}\,\frac{2\alpha c}{\omega}\right) \tag{4-152}$$

将式(4-151)代入式(4-152)可得

$$n^2 \simeq \left(\frac{c_0}{c}\right)^2 \left(1 + \mathrm{i}\,\frac{\alpha_{\mathrm{dB}/\lambda}}{27.29}\right) \tag{4-153}$$

可见,只要简单地给折射率的平方加上一个虚部便可计及体积衰减。实际上,衰减系数 $\alpha_{\mathrm{dB}/\lambda}$ 很容易写成距离与深度的函数,这也是实际计算时常用处理体积衰减的方法。

4.6　数值实现方法

目前已经讨论了初始场的数值表达式和解释表达式,也讨论了基于不同算法得到的声场解的表达式,对海底海面的边界情况也做了简单的说明。这里借助图4-3所示的解域示意图,对求解声场时边界的处理以及求解过程做一些说明。

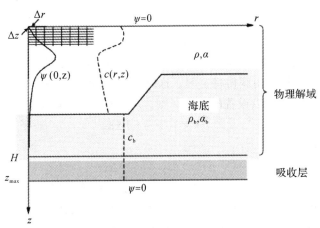

图 4-3　解域示意图

海面边界一般视为自由边界,要求 $\psi(r,0) = 0$。海底边界比较复杂,可作如下处理:在实际的物理海底以下设置一层吸收层,该吸收层要确保从底部边界 $z = z_{\max}$ 上反射的能量可以忽略不计。Brock 使用如下形式的复折射率来模拟该层对声波的吸收:

$$n^2 = n_{\mathrm{b}}^2 + \mathrm{i}\alpha \mathrm{e}^{-}\left(\frac{z - z_{\max}}{D}\right)^2 \tag{4-154}$$

式中, $n_{\mathrm{b}} = c_0/c_{\mathrm{b}}$ 表示实际物理海底的折射率,通常取 $\alpha = 0.01$, $D = (z_{\max} - H)/3$。式(4-154)描述的复折射率在吸收层使声波衰减随深度呈指数增加。对于典型的深海情况,人为吸收层的厚度取为 $H/3$ 便可得到较好的结果;对于浅海情况,海底的影响十分显著,吸收层以上的实际物理海底则需要按照真实的情况谨慎地设置。

从原理上来讲,分裂步进傅里叶算法需要已知沿深度分布的初始声场 $\psi(0,z)$,解域的空间的环境参数 (c,ρ,α) 即声速、密度和吸收系数,这些参数已在图4-3中表达出来。接下来就可以实施分裂步进算法了。直接按照所使用的声场解表达式对初始声场进行深度上的傅里叶变换(可通过对声场的实部与虚部分别进行离散快速正弦变换来实现)与反变换即可得到下

一距离处的声场,不断地重复上述步骤便可逐一求得不同距离处沿深度分布的声场。

傅里叶变换要求沿深度均匀分布的网格,前面已经多次提到,当介质界面内外的环境参数 (c,ρ,α)(这都包含在了折射率 n 之中)差异较大时,需要精细的网格才能获得比较满意的结果。这是因为精细的网格划分可以使得环境参数在深度方向上的抽样更加充分。这样做的后果就是计算量会大大增加。也就是说,当环境参数有着很强的不连续性时,分裂步进算法的计算效率比较低。

那么对于一个具体的海洋声学问题,什么样的网格尺寸 $(\Delta r,\Delta z)$ 才能保证获得精确的计算结果呢? 在误差分析的时候我们看到,所有的误差项都可以通过选择较小的 Δr 而任意减小。Δr 的选取取决于所容许的最大误差,即最远的传播距离上所允许的传播损失误差(1dB,3dB,…)。此外,考虑到环境参数随距离的变化是不均匀的,相同的 Δr 在每米或者每千米的误差贡献是不同的。例如,对于平坦的海底,Δr 可以取得大一些;对于深度变化较大的海底,Δr 应取得小一些。因此,Δr 随距离的最优值是一个自适应的过程,在这个过程中,可以按照预定的精度准则对 Δr 做局部改变。Δz 的选取与声源的谱宽($\Delta z = 2\pi/k_{z,\max}$)有关,也与环境参数"不连续性"所需的深度抽样有关。对于高斯声源和格林声源,要求

$$\Delta z \leqslant \lambda/4 \qquad\qquad (4-155)$$

对于汤姆森声源,要求

$$\Delta z \leqslant \lambda/2 \qquad\qquad (4-156)$$

即便如此,依然无法保证得到精确的数值解,唯一的办法是进行收敛性试验。不断地减小网格大小直到在规定的精度内获得稳定解。这时,可按照式(4-155)得到 Δz 的一个适当的初始假定值,而距离步进 Δr 可以设置的稍大一点。对于有海底影响的传播,可取

$$\Delta r = (2 \sim 5)\Delta z \qquad\qquad (4-157)$$

对于远程深海传播,可取

$$\Delta r = (20 \sim 50)\Delta z \qquad\qquad (4-158)$$

解的收敛试验是一个烦琐的过程。Brock 提出了一种确定网格大小的自适应方法,业已证明该方法完全适用于海底影响可忽略的环境。对于海底影响较大的环境(深海中的海山,一般的浅海),则很难找到一种自适应的准则来保证计算精度。在这种环境下,唯一的办法就是进行解的收敛性试验。

4.7　模型说明及实例

前面的小节介绍了抛物方程模型的理论推导及其求解方法。目前人们已经开发出一些基于抛物方程模型的工具箱,如 FOR3D,FOR2D,MMPE,NLBCPE,PDPE,PEcan,RAM,RAMsurf,MPIRAM,MATLAB RAM,UMPE 等。这些工具箱都可以在 Ocean Acoustics Library 网站上找到。利用这些程序,我们可以方便地进行声场的仿真计算。为了便于研究学习,下面介绍一个主要基于 matlab 语言的计算程序——MATLAB RAM,以下简称 RAM。

4.7.1　模型简介

RAM 的初始版本是 APL(Applied Physics Laboratory)实验室的研究人员用 Fortran 语言编写的,后来 Matt Dzieciuch 用 matlab 语言和 c 语言将其重新实现。本文介绍的计算程序便是 Matt Dzieciuch 实现的版本。

RAM 工具箱包含的文件有 ram.m,epade.m,matrc.m,profl.m,solvetri.m 以及一个演示文件 peramx.m。其中,ram.m 是主程序,其余为子程序;epade.m 计算 pade 系数;matrc.m 生成三对角矩阵;profl.m 计算环境剖面;solvetri.m 求解三对角方程组。

RAM 工具箱的层级结构如图 4-4 所示。

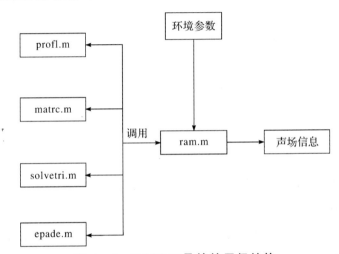

图 4-4　RAM 工具箱的层级结构

该模型运行过程中需要的参数见表 4-1。

表 4-1　ram.m 参数表

参数	参数说明	参数	参数说明
frq	频率	rb	距离序列
zsrc	声源深度	zb	深度序列
dim	维度,取 2	rp	声速剖面所在的距离
rg	输出的距离序列	zw	声速所在的深度
dr	距离网格大小	cw	声速
zmax	最大计算深度	zs	沉积层声速所在深度
dz	深度网格大小	cs	沉积层声速
c0	平均声速	zr	密度所在深度
np	Pade 系数的个数	rho	密度
ns	稳定性约束	za	吸收系数所在深度
rs	稳定边界距离	attn	吸收系数

下面对一些主要的参数做一些说明。

np：Pade 系数的个数。计算结果对该参数不是非常敏感，一般取 np ＝ 4 即可。

dz：PE 网格的深度增量。网格尺寸对计算速度有很大影响。虽然较宽的网格计算起来更快，但结果不够准确。假设 $\Delta z = 1.0$ 时的结果满足要求，如果取 $\Delta z = 0.2$ 会产生更准确的结果，代价是更长的计算时间。Δz 取值和频率有关，频率越高，所需的 Δz 越小。

dr：PE 网格的距离增量。计算结果对距离步长不太敏感，但是太大的距离步长会导致 PE 结果不收敛。此外，$N * \Delta r$ 应等于声速水平采样距离，其中 N 是整数。例如：如果声速网格为 1 000 m，可以取 $\Delta r = 250$；如果声速网格为 400 m，可以取 $\Delta r = 200$ m。Δr 与计算时间成反比。

dzm：计算结果的深度方向的抽样间隔。dzm 与计算过程无关，仅与输出数据有关。

attn：衰减，单位：dB/λ。示例中给出的衰减是一个两行矩阵，顶行是底部以下 100 m 处的衰减，第二行是底部以下 300 m 处的衰减。在实际海洋中，衰减往往是随距离和深度变化的。

rp：声速剖面所在的距离。

cw：声速矩阵，每行表示一个声速剖面。

zw：声速对应的深度，以向下为正方向。

以上所有和距离有关的量，单位都是 m。

4.7.2　仿真算例

利用 RAM 可以计算给定环境下的声场。

4.7.2.1　浅海环境

考虑一个斜坡环境，水深从 200 m 下降到 400 m，声源位于水下 50 m 深度，频率为 50 Hz。声传播如图 4-5 所示。环境参数与相关代码参考附录中的 instance1.m。

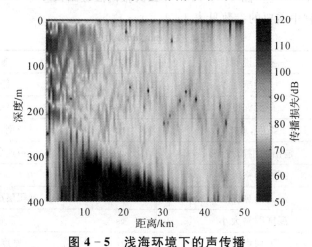

图 4-5　浅海环境下的声传播

4.7.2.2　深海环境

黎雪刚研究了海底地形对于声传播的影响[18]。考虑一个典型的深海环境，声速剖面为 Munk 声速剖面，声源位于水下 1 000 m，频率为 50 Hz，海深 4 600 m，海底密度为 1.2 g/mL，吸收系数为 0.5 dB/λ。利用 RAM 仿真得到的声传播如图 4-6 所示。环境参数与相关代码参考附录中的 instance2.m。

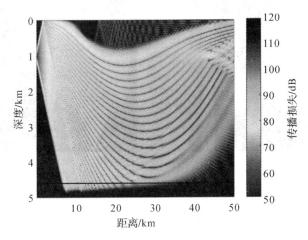

图 4 - 6 深海环境下的声传播

上面给出的两类声传播问题都是在非常简单的环境条件下得到的,仅仅作为一个示例。实际的环境条件往往没有这么理想,相应的声传播问题也往往很复杂,求解该类问题,就需要不断地改变环境参数,逐步求解。

4.7.2.3 海沟地形条件下的声传播

海沟分布在大陆坡边缘,主要见于环太平洋地区,大西洋和印度洋也有少数海沟。在太平洋东缘,海沟与路缘火山弧相伴随。环太平洋的地震带也都位于海沟附近;在大西洋西部,海沟与孤岛平行排列。假定某深海对称海沟剖面如图 4-7 所示,海沟底部最大深度为 7 000 m,海沟坡度 $\theta=10°$,上边缘两端的距离约为 20 km,海洋深度为 5 000 m。

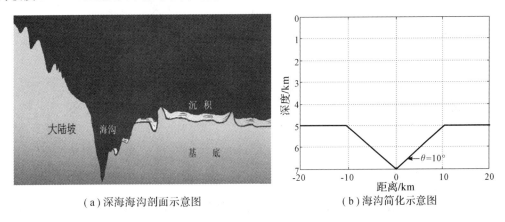

(a)深海海沟剖面示意图   (b)海沟简化示意图

图 4 - 7 深海海沟剖面

计算得到的距离海沟不同水平距离处的声源声传播如图 4-8 所示。图题中 SD 表示声源深度,r 表示声源距离海沟中心的水平距离。环境参数与相关代码参考附录中的 instance3_1.m 和 instance3_2.m。

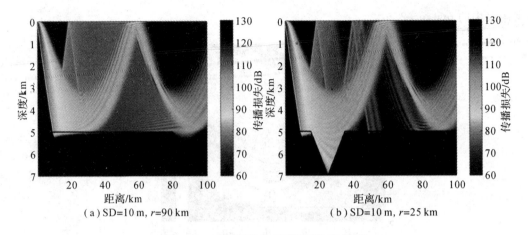

（a）SD=10 m, r=90 km

（b）SD=10 m, r=25 km

图 4 - 8　深海海沟环境下的声传播

4.7.2.4　海山附近的声传播

海山主要形成于海底火山的作用,分布于大洋的每个角落,根据外形可分为尖峰海山和平顶海山。由于地理位置的差异,海山的形状、大小各不相同,单个模型难以呈现出所有复杂的海山地貌,但简单模型可以普遍地反映出海山对深海声传播的影响,而这对噪声场建模以及被动探测具有一定的指导意义。假定尖峰海山的几何形状类似于一个圆锥体(见图 4 - 9(a)),海山顶端深度位于海面以下 1 000 m 处,海山侧面斜坡的坡度 $\theta = 14°$,海洋深度为 5 000 m。图 4 - 9(b)为海山在不同方向的截面形状,当 $\beta_l = 0°$ 时,海山的截面为三角形,此时海山底端的跨度最大,大约为 33 km。

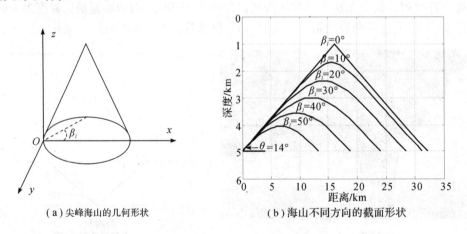

（a）尖峰海山的几何形状

（b）海山不同方向的截面形状

图 4 - 9　海山几何形状与不同方向的截面形状

计算得到声源与海山不同位置关系时的声传播损失如图 4 - 10 所示,图中色标单位为dB,声源频率为 50 Hz。图 4 - 10(a)(b)中声源深度均为 10 m,声源离海山的距离 r 分别为 50 km 和 100 km, $\beta_l = 0°$;从图中可以看出,当 r=100 km 时,海山遮挡了声波的绝大部分能量;而当 r=50 km 时,海山对声波的遮挡效果不明显。因此,声源和海山的位置关系对声传播损失具有较大影响。环境参数与相关代码参考附录中的 instance4_1. m 和 instance4_2. m。

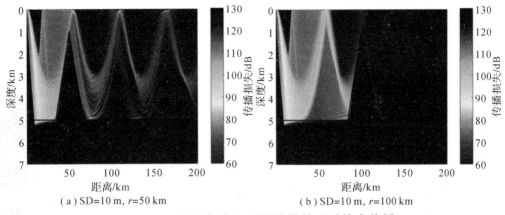

（a）SD=10 m, r=50 km　　　　　（b）SD=10 m, r=100 km

图 4-10　声源与海山不同位置关系时的声传播

附录　算例部分参考代码

instance1. m

```
% instance1. m
% ram PE example
% %compile the c programs
mex -O matrc. c
mex -O solvetri. c
%source depth
zsrc = 50;
%source frequency
freq = 50;
%src-rcvr range
rmax = 50000.0;
dr = 500;
zmax = 1000;
dz = 1;
rg = dr:dr:rmax;
c0 = 1600;
np = 8;
ns = 1;
rs = 0.0;
rb = [0 40000];
zb = [200 400];
rp = [0 25000];
zw = [0 100 400];
```

```
cw = [1480 1520 1530;1530 1530 1530];
zs = 0;
cs = [1700;1700];
zr = 0;
rho = [1.5;1.5];
za = [900 1000];
attn=[0.5 10;0.5 10];
%output depth decimation
dzm = 2;
dim = 2;
[psi, zg, rout]=ram( freq,zsrc,dim,rg,dr,zmax,dz,dzm,...
    c0,np,ns,rs,rb,zb,rp,zw,cw,zs,cs,zr,rho,za,attn);
omega = 2 * pi * freq; k0 = omega/c0;
if dim==2 %2-D
scale = 1i * exp(1i * omega/c0 * rout)/sqrt(8 * pi * k0);
else %3-D
scale = exp(1i * (omega/c0 * rout + pi/4))/4/pi;
end
psi = scale. * psi;
eps = 1e-60;
TL = -20 * log10(abs(psi). /sqrt(rg)+eps);
pcolor(rg/1000,zg,TL)
shading flat
colorbar
colormap(flipud(jet))
set(gca, 'ydir', 'reverse','fontsize',14)
caxis([50 120])
xlabel('距离 (km)')
ylabel('深度 (m)')
title('传播损失(dB re 1m)')
ylim([0 400])
```

instance2. m

```
% ram PE example
%compile the c programs
% mex -O matrc. c
% mex -O solvetri. c
% * * * set up Munk SSP * * *
zw=0:1:5000;
```

```
zw＝zw(:);
cw＝cssprofile(zw);
％source depth
zsrc＝1000;
％source frequency
freq＝50;
％src－rcvr range
rmax＝50000.0;
％％range independent
cw＝cw′;
rp＝0;
nrp＝length(rp);
c0＝mean(cw(:));
rb＝0;
zb＝5000;
zb＝max(zw)－400;
zs＝0;
cs＝1500 * ones(nrp,1);
zs＝zw;
cs＝cw;
zr ＝ 0;
rho ＝ 1.2 * ones(nrp,1);
zbm＝max( zb);
za＝[zbm＋100 zbm＋300];
attn＝[0.5 5];
attn＝ones(nrp,1) * attn;
clear zbm
zmax＝max(zw);
deltaz＝0.5;
deltar＝200;
rg ＝ deltar:deltar:rmax;
np＝4;
ns＝1;
rs＝10000.0;
％output depth decimation
dzm＝4;
zg＝[0:deltaz:zmax];
nzo＝length(zg(1:dzm:end));
clear zg
```

```
dim=2;
[psi, zg, rout]=ram( freq,zsrc,dim,rg,deltar,zmax,deltaz,dzm,...
    c0,np,ns,rs,rb,zb,rp,zw,cw,zs,cs,zr,rho,za,attn);
omega = 2 * pi * freq; k0 = omega/c0;
scale = 1i * exp(1i * omega/c0 * rout)/sqrt(8 * pi * k0);
psi = scale. * psi;
eps = 1e-60;
TL = -20 * log10(abs(psi). /sqrt(rg)+eps);
pcolor(rg/1000,zg/1000,TL)
shading interp
hold on
plot(rb/1000, zb/1000, 'Color', 'k', 'LineWidth', 1.5)
hold off
cbar = colorbar;
cbar. Label. String = '(dB)';
colormap(flipud(jet))
set(gca, 'ydir', 'reverse','fontsize',14)
caxis([50 120])
xlabel('距离（km）')
ylabel('深度（km）')
title('传播损失')
```

instance3_1. m

```
% ram PE example
%compile the c programs
% mex -O matrc. c
% mex -O solvetri. c
% * * * set up Munk SSP * * *
zw=0:1:7000;
zw=zw(:);
cw=cssprofile(zw);
%source depth
zsrc=10;
%source frequency
freq=50;
%src-rcvr range
rmax=100000.0;
%%range independent
cw=cw';
```

```
rp=0;
nrp=length(rp);
c0=mean(cw(:));
rb = [0 80000 90000  rmax];
zb = [5000 5000 7000  5000];
zs=0;
cs=1500 * ones(nrp,1);
zs=zw;
cs=cw;
zr = 0;
rho = 1.2 * ones(nrp,1);
za=[5000 5300];
attn=[0.5 5];
attn=ones(nrp,1) * attn;
zmax=max(zw);
deltaz=0.5;
deltar=200;
rg = deltar:deltar:rmax;
np=4;
ns=1;
rs=10000.0;
%output depth decimation
dzm=4;
dim=2;
[psi, zg, rout]=ram( freq,zsrc,dim,rg,deltar,zmax,deltaz,dzm,...
    c0,np,ns,rs,rb,zb,rp,zw,cw,zs,cs,zr,rho,za,attn);
omega = 2 * pi * freq; k0 = omega/c0;
scale = 1i * exp(1i * omega/c0 * rout)/sqrt(8 * pi * k0);
psi = scale. * psi;
eps = 1e-60;
TL = -20 * log10(abs(psi) ./ sqrt(rg) + eps);
pcolor(rg/1000,zg/1000,TL)
shading flat
hold on
plot(rb/1000, zb/1000, 'Color', 'k', 'LineWidth', 1.5)
hold off
cbar = colorbar;
cbar. Label. String = '(dB)';
colormap(flipud(jet))
```

```matlab
set(gca,'ydir','reverse','fontsize',14)
caxis([60 130])
xlabel('距离（km）')
ylabel('深度（km）')
title('传播损失')
```

instance3_2. m

```matlab
% ram PE example
%compile the c programs
% mex -O matrc. c
% mex -O solvetri. c
% * * * set up Munk SSP * * *
zw=0:1:5000;
zw=zw(:);
cw=cssprofile(zw);
%source depth
zsrc=1000;
%source frequency
freq=50;
%src-rcvr range
rmax=50000.0;
%%range independent
cw=cw';
rp=0;
nrp=length(rp);
c0=mean(cw(:));
rb=0;
zb=4600;
zs=0;
cs=1500 * ones(nrp,1);
zs=zw;
cs=cw;
zr = 0;
rho = 1.2 * ones(nrp,1);
za=[4600 4900];
attn=[0.5 5];
attn=ones(nrp,1) * attn;
zmax=max(zw);
deltaz=0.5;
```

```
deltar=200；
rg = deltar：deltar：rmax；
np=4；
ns=1；
rs=10000.0；
%output depth decimation
dzm=4；
dim=2；
[psi, zg, rout]=ram( freq,zsrc,dim,rg,deltar,zmax,deltaz,dzm,...
    c0,np,ns,rs,rb,zb,rp,zw,cw,zs,cs,zr,rho,za,attn)；
omega = 2 * pi * freq；k0 = omega/c0；
scale = 1i * exp(1i * omega/c0 * rout)/sqrt(8 * pi * k0)；
psi = scale. * psi；
eps = 1e−60；
TL = −20 * log10(abs(psi)./sqrt(rg)+eps)；
pcolor(rg/1000,zg/1000,TL)
shading interp
hold on
plot(rb/1000, zb/1000, 'Color', 'k', 'LineWidth', 1.5)
hold off
cbar = colorbar；
cbar. Label. String = '(dB)'；
colormap(flipud(jet))
set(gca, 'ydir', 'reverse','fontsize',14)
caxis([50 120])
xlabel('距离（km)')
ylabel('深度（km)')
title('传播损失')
```

instance4_1. **m**

```
% ram PE example
%compile the c programs
% mex −O matrc. c
% mex −O solvetri. c
% * * * set up Munk SSP * * *
zw=0：1：7000；
zw=zw(：)；
cw=cssprofile(zw)；
%source depth
```

```
zsrc=10;
%source frequency
freq=50;
%src－rcvr range
rmax=200000.0;
%%range independent
cw=cw;
rp=0;
nrp=length(rp);
c0=mean(cw(:));
rb = [0 34000 50000 66000 rmax];
zb = [5000 5000 1000 5000 5000];
zs=0;
cs=1500 * ones(nrp,1);
zs=zw;
cs=cw;
zr = 0;
rho = 1.2 * ones(nrp,1);
za=[5000 5300];
attn=[0.5 5];
attn=ones(nrp,1) * attn;
zmax=max(zw);
deltaz=0.5;
deltar=200;
rg = deltar:deltar:rmax;
np=4;
ns=1;
rs=10000.0;
%output depth decimation
dzm=4;
dim=2;
[psi, zg, rout]=ram( freq,zsrc,dim,rg,deltar,zmax,deltaz,dzm,...
    c0,np,ns,rs,rb,zb,rp,zw,cw,zs,cs,zr,rho,za,attn);
omega = 2 * pi * freq; k0 = omega/c0;
scale = 1i * exp(1i * omega/c0 * rout)/sqrt(8 * pi * k0);
psi = scale. * psi;
eps = 1e-60;
TL = -20 * log10(abs(psi) ./ sqrt(rg) + eps);
pcolor(rg/1000,zg/1000,TL)
```

```
shading flat
hold on
plot(rb/1000，zb/1000，'Color'，'k'，'LineWidth'，1.5)
hold off
cbar = colorbar；
cbar. Label. String = '(dB)'；
colormap(flipud(jet))
set(gca，'ydir'，'reverse'，'fontsize'，14)
caxis([60 130])
xlabel('距离（km）')
ylabel('深度（km）')
title('传播损失')
```

instance4_2. m

```
% ram PE example
%compile the c programs
% mex －O matrc. c
% mex －O solvetri. c
% ＊ ＊ ＊ set up Munk SSP ＊ ＊ ＊
zw=0：1：7000；
zw=zw(：)；
cw=cssprofile(zw)；
%source depth
zsrc=10；
%source frequency
freq=50；
%src－rcvr range
rmax=200000. 0；
%%range independent
cw=cw'；
rp=0；
nrp=length(rp)；
c0=mean(cw(：))；
rb = [0 84000 100000 116000 rmax]；
zb = [5000 5000 1000 5000 5000]；
zs=0；
cs=1500 ＊ ones(nrp，1)；
zs=zw；
cs=cw；
```

```
zr = 0;
rho = 1.2 * ones(nrp,1);
za=[5000 5300];
attn=[0.5 5];
attn=ones(nrp,1) * attn;
zmax=max(zw);
deltaz=0.5;
deltar=200;
rg = deltar:deltar:rmax;
np=4;
ns=1;
rs=10000.0;
%output depth decimation
dzm=4;
dim=2;
[psi, zg, rout]=ram( freq,zsrc,dim,rg,deltar,zmax,deltaz,dzm,...
    c0,np,ns,rs,rb,zb,rp,zw,cw,zs,cs,zr,rho,za,attn);
omega = 2 * pi * freq; k0 = omega/c0;
scale = 1i * exp(1i * omega/c0 * rout)/sqrt(8 * pi * k0);
psi = scale. * psi;
eps = 1e-60;
TL = -20 * log10(abs(psi) ./ sqrt(rg) + eps);
pcolor(rg/1000,zg/1000,TL)
shading flat
hold on
plot(rb/1000, zb/1000, 'Color', 'k', 'LineWidth', 1.5)
hold off
cbar = colorbar;
cbar. Label. String = '(dB)';

colormap(flipud(jet))
set(gca, 'ydir', 'reverse','fontsize',14)
caxis([60 130])
xlabel('距离（km）')
ylabel('深度（km）')
title('传播损失')
```

参 考 文 献

[1] TAPPERT F D. The parabolic approximation method in Wave Propagation in Underwater Acoustic[M]. New York:Springer – Verlag, 1977.

[2] MCDANIEL S T, LEE D. A finite – difference treatment of interface conditions for the parabolic wave equation: The horizontal interface[J]. Journal of the Acoustical Society of America,1982,71(4):855 – 858.

[3] DESANTO J A. Relation between the solutions of the helmholtz and parabolic equations for sound propagation[J]. Journal of the Acoustical Society of America,1977,6(2):295 – 297.

[4] ESTES L E, FAIN G. Numerical technique for computing the wide – angle acoustic field in an ocean with range – dependent velocity profiles[J]. Journal of the Acoustical Society of America,1977,62(1):38 – 43.

[5] LANDERS T, CLAERBOUT J F. Numerical calculations of elastic waves in laterally inhogeneous media[J]. Journal of Geophysical Research,1972,77(8):1476 – 1482.

[6] MCCOY J J. A parabolic theory of stress wave propagation through inhomogeneous linearly elastic solids[J]. Journal of Applied Mechanics,1977,44(3):462 – 468.

[7] ROBERTSON J S, SIEGMANN W L, JACOBSON M J. A treatment of three – dimensional underwater propagation through a steady shear flow[J]. Journal of the Acoustical Society of America,1989,86(4):1484 – 1489.

[8] SCHULTZ M H. The solution of wide – angle three – dimensional parabolic approximations on hypercubes, in Computational Acoustics – Wave Propagation[M]. Amsterdam:[s. n.], 1988.

[9] THOMSON D J. Wide – angle parabolic equation solutions to rangedependent benchmark problems [J]. Journal of the Acoustical Society of America, 1990, 87 (2): 1514 – 1520.

[10] SCHULTZ M H. High performance computational underwater acoustics in Computational Acoustics – Scattering, Supercomputing and Propagation[M]. Amsterdam: [s. n.], 1991.

[11] WANG C W, WANG D P. Application of parabolic equation model to shallow water acoustic propagation, in Environmental Acoustics [J]. World Scientific, 1994, 755 – 792.

[12] BODEN L, BOWLIN J B, SPIESBERGER J L. Time domain analysis of normal mode,parabolic, and ray solutions of the wave equation[J]. Journal of the Acoustical Society of America,1991,90(2):954 – 958.

[13] JENSEN F B. Recent progress in shallow – water acoustic modeling," in Shallow—Water Acoustics[M]. China Ocean Press, 1997, 43 – 48.

[14] DAWSON T W, THOMSON D J, BROOKE G H. Nonlocal boundary conditions for acousticPE predictions involving inhomogeneous layers[C]//Unknown. Underwater-Acoust. 1, ed. J. S. Greece,[s. n.], 1996.

[15] YEVICK D, THOMSON D J. Nonlocal boundary conditions for finite – difference parabolic equation solvers[J]. Journal of the Acoustical Society of America,1999,106 (1):143 – 150.

[16] LEE D, NAGEM R J. An interface model for coupled fluid – elastic parabolic equations[C]//Unknown. Underwater Acoust. ed. J. S. Greece:[s. n.], 1996.

[17] LEE D, PIERCE A D, SHANG E C. Parabolic equation development in the twenti-eth Century[J]. Journal of Computational Acoustics,2000,8(4).

[18] 黎雪刚. 水下声基阵噪声场建模计算与应用研究[D]. 西安：西北工业大学,2013.

第五章 波数积分模型

5.1 概　　述

波数积分法是在水平分层介质前提下,对深度分离的波动方程积分变换解进行数值积分的一种声场计算方法。与简正波理论不同,波数积分方法利用积分变换结合数值积分计算声场,因此对于一些简正波方法较难解决的问题,如某简正波的水平波数位于割线附近的情况,使用波数积分方法不用特殊处理即可得到准确的声场结果。水平分层介质的波数积分原理最早是 Pekeris 首先引入到水声学中的[1]。后来 Jardetzky[2] 以及 Ewing 和 Press[3] 采用同样的方法研究波导中的地震传播。对于水平分层介质,波数谱积分法原则上是一种最准确的声场计算方法。首先求解分离变量后得到深度方程的格林函数,然后计算波数谱积分得到声场分布。

现有的格林函数数值计算方法有直接全局矩阵法、传播矩阵法和不变嵌入法等。传统的深度相关的声场是采用 Thomson[4] 和 Haskell[5] 引入的传播矩阵法实现的,传播矩阵法的优点是使用了递归方式,因此不需要太多的储存空间。Kennett[6] 引入了不变嵌入法,该方法可以把直达的波场和单个界面上的反射波场分离开。Schmidt[7-9] 提出了直接全局矩阵法,他在 Pekeris,Ewing,Jardetzky 和 Press 的方法基础上能够保持数值稳定。本章主要介绍波数积分数值模型理论。

5.2 平面波反射与折射理论

5.2.1 时域形式的表达式

液-液分界面上的反射如图 $5-1$ 所示,在 $x-z$ 平面上的上下介质的密度和声速为 ρ_1,c_1 和 ρ_2,c_2,与水平面的夹角为 θ_i(掠射角)。假设入射平面波的幅度为 1,反射波与折射波的幅度为 R 和 T,忽略时间因子 $e^{-i\omega t}$,声压可以写成

$$p_i = \exp[ik_1(x\cos\theta_1 + z\sin\theta_1)], \quad k_1 \equiv \omega/c_1 \qquad (5-1)$$

$$p_r = R\exp[ik_1(x\cos\theta_1 - z\sin\theta_1)] \qquad (5-2)$$

$$p_t = T\exp[ik_2(x\cos\theta_2 + z\sin\theta_2)], \quad k_2 \equiv \omega/c_2 \qquad (5-3)$$

介质 1 中的总声压为 $p_1 = p_i + p_r$,介质 2 中的声压为 $p_2 = p_t$。用数学式表示分界面上 $z = 0$ 处的压力和径向振速连续性边界条件,

$$p_1 = p_2, \qquad \frac{1}{\mathrm{i}\omega\rho_1}\frac{\partial p_1}{\partial z} = \frac{1}{\mathrm{i}\omega\rho_2}\frac{\partial p_2}{\partial z} \tag{5-4}$$

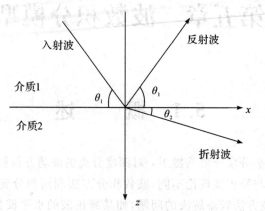

图 5-1　平面波的反射和折射

由声压连续条件可得

$$1 + R = T\exp\left[\mathrm{i}(k_2\cos\theta_2 - k_1\cos\theta_1)x\right] \tag{5-5}$$

其中,式左与 x 无关,式右也应该与 x 无关,由此得到 Snell 定律

$$k_1\cos\theta_1 = k_2\cos\theta_2 \tag{5-6}$$

该定律表明声波穿过水平界面时水平波数保持不变。式(5-5)重写为

$$1 + R = T \tag{5-7}$$

由第二个边界条件可得

$$1 - R = T\frac{\rho_1 c_1/\sin\theta_1}{\rho_2 c_2/\sin\theta_2} \tag{5-8}$$

由此得到反射系数 R 和折射系数 T:

$$R = \frac{\rho_2 c_2/\sin\theta_2 - \rho_1 c_1/\sin\theta_1}{\rho_2 c_2/\sin\theta_2 + \rho_1 c_1/\sin\theta_1} \tag{5-9}$$

$$T = \frac{2\rho_2 c_2/\sin\theta_2}{\rho_2 c_2/\sin\theta_2 + \rho_1 c_1/\sin\theta_1} \tag{5-10}$$

R 通常被称为 Rayleigh 反射系数。当式(5-9)的分子和分母复共轭时,R 的幅度为 1,即完全反射。这种现象只发生在 $\sin\theta_2$ 是纯虚数,即 $\cos\theta_2 > 1$ 时。由 Snell 定律,完全反射的掠射临界角为

$$\theta_c = \arccos\left(\frac{c_1}{c_2}\right) \tag{5-11}$$

当第二个介质的声速比第一个介质声速大时,掠射临界角存在。式(5-9)表明,当 $\theta_1 > \theta_c$ 时,无损介质的反射系数是实数,这意味着反射时有损失但没有相移;当 $\theta_1 < \theta_c$ 时,可得到完全反射,但存在和入射角度相关的相移。一般情况下,有损介质(c_i 为复数)的反射系数是复数,导致反射损失和相移同时存在。

另一个重要现象是能量完全透射到底部介质,即 $|R| = 0$。由式(5-9)和 Snell 定律,当入射角为 θ_0 时发生全透射现象,

$$\theta_0 = \arctan\sqrt{\frac{1 - (c_2/c_1)^2}{\left[(\rho_2 c_2)/(\rho_1 c_1)\right]^2 - 1}} \tag{5-12}$$

这个角称为穿透角,显然当根号内式为正时,穿透角存在。需要考虑两种情况:$c_2 < c_1$ 且 $\rho_2 c_2 > \rho_1 c_1$,或者 $c_2 > c_1$ 且 $\rho_2 c_2 < \rho_1 c_1$,第一种情况不经常遇到,第二种在海洋声学中不存在。

5.2.2 波数域形式的表达式

以上过程是直接通过入射波、反射波和折射波的时域表达式推导得出的,通过波动方程也可得出更一般的、物理意义更清晰的、波数形式的反射与折射系数表达式。

考虑一种最简单的液态半空间模型。如图 5-2 所示,一个强度为 S_ω 的点源在上半空间 $z = z_s$ 处。在此引入柱坐标系,r 轴沿着水平分界面方向,z 轴为垂直方向且通过点声源。

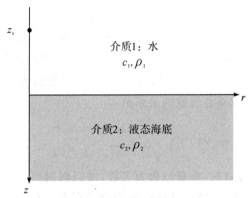

图 5-2 平面波的反射和折射

利用辐射条件,上半空间的齐次解可以写成

$$H_{\omega,1}(k_r, z) = A_1^-(k_r) e^{-ik_{z,1} z} \tag{5-13}$$

同样,下半空间的齐次解

$$H_{\omega,2}(k_r, z) = A_2^+(k_r) e^{ik_{z,2} z} \tag{5-14}$$

k_r 为水平波数,$k_{z,i}$($i = 1, 2$)为垂直波数。上半空间的齐次解加上自由场格林函数才能构成整个格林解,其中自由场格林函数为

$$g_\omega(\boldsymbol{r}, \boldsymbol{r}_0) = \frac{e^{ikR}}{4\pi R}, \quad R = |\boldsymbol{r} - \boldsymbol{r}_0| \tag{5-15}$$

$\boldsymbol{r}_0$ 为声源坐标。齐次解的幅值未知量可以用边界条件确定,第一个边界条件是波数域垂直位移的连续性,

$$\frac{\partial \psi_1(k_r, z)}{\partial z} = \frac{\partial \psi_2(k_r, z)}{\partial z}, \quad z = 0 \tag{5-16}$$

用格林函数替代位移势 $\psi(k_r, z)$,在 $z = 0$ 处得到

$$k_{z,2} A_2^+(k_r) + k_{z,1} A_1^-(k_r) = k_{z,1} g_{\omega,1}(k_r, 0, z_s) \tag{5-17}$$

函数 $g_{\omega,1}(k_r, 0, z_s)$ 是波数域自由场格林函数

$$g_{\omega,1}(k_r, z, z_s) = -\frac{e^{ik_z |z - z_s|}}{4\pi i k_z} \tag{5-18}$$

第二个边界条件可以表述为声压的连续性,即

$$\rho_1 \psi_1(k_r, z) = \rho_2 \psi_2(k_r, z), \quad z = 0 \tag{5-19}$$

在 $z = 0$ 处再次代入格林函数,

$$\rho_2 A_2^+ - \rho_1 A_1^- = \rho_1 g_{\omega,1}(k_r, 0, z_s) \qquad (5-20)$$

由式(5-17)和式(5-20)解得

$$A_1 = \frac{\rho_2 k_{z,1} - \rho_1 k_{z,2}}{\rho_2 k_{z,1} + \rho_1 k_{z,2}} g_{\omega,1}(k_r, 0, z_s) \qquad (5-21)$$

$$A_2^+ = \frac{2\rho_1 k_{z,1}}{\rho_2 k_{z,1} + \rho_1 k_{z,2}} g_{\omega,1}(k_r, 0, z_s) \qquad (5-22)$$

因此,位移势的反射系数 R 和折射系数 T 可以用数学式表述为

$$R = \frac{\rho_2 k_{z,1} - \rho_1 k_{z,2}}{\rho_2 k_{z,1} + \rho_1 k_{z,2}} \qquad (5-23)$$

$$T = \frac{2\rho_1 k_{z,1}}{\rho_2 k_{z,1} + \rho_1 k_{z,2}} \qquad (5-24)$$

可以证明,以上表达式与式(5-9)和式(5-10)是一致的。对于两种相同的介质,则反射系数和折射系数分别为 $R \equiv 0, T \equiv 1$;若下半空间是真空,则得到自由表面反射与折射系数, $R \equiv -1, T \equiv 0$。对其他情况,可分为硬边界($c_2 > c_1$)和软边界($c_2 < c_1$)来讨论。

(1)硬边界。水平波数和垂直波数的关系是

$$k_z = \begin{cases} \sqrt{k^2 - k_r^2}, & k_r \leqslant k \\ \mathrm{i}\sqrt{k_r^2 - k^2}, & k_r > k \end{cases} \qquad (5-25)$$

当水平波数小于介质波数时,垂直波数为实数,波以辐射声场的形式存在;当水平波数大于介质波数时,垂直波数为虚数,波以弥散声场的形式存在。在硬边界环境中,底部介质的波数小于海水介质的波数,即 $k_2 < k_1$。因此,按照水平波数与两层介质波数的大小关系,要将水平波数分成三个区域进行考虑,如图5-3所示。

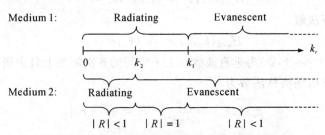

图 5-3 硬底环境中波数空间的声场特点

$k_r < k_2$:波在两种介质中纵向传播,能量折射到底部, $|R| < 1$。

$k_2 < k_r < k_1$:波在上部介质中传播,但在底部半空间介质中弥散, $|R| = 1$。

$k_1 < k_r$:波在两种介质中均弥散, $|R| < 1$。

注意:在上述三个区域中透射系数总是非消散的,即 $T > 0$,这是因为即使对于完全反射, $k_2 < k_r < k_1$,在底部介质中仍然存在非消散的弥散声场,这种现象对于波在多层介质的传播非常有用。对于简单的半空间问题,反射系数和透射系数均与频率无关。

反射系数通常用幅度和相位表示,

$$R(\theta) = |R(\theta)| e^{-\mathrm{i}\varphi(\theta)} \qquad (5-26)$$

式中, φ 是相位角; θ 是入射波的掠射角,定义为 $\theta = \arccos(k_r/k_1)$。很明显,该定义仅对 $k_{z,1}$ 是实数时有意义。图5-4给出了某硬底环境中反射系数的幅度与相位随掠射角的变化曲线。

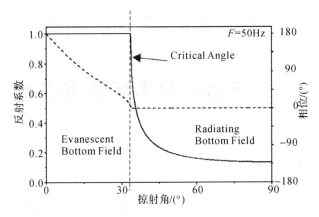

图 5 - 4 硬底环境中反射系数的幅度与相位随掠射角的变化(实线为幅度,虚线为相位)

($c_1 = 1\ 500\ \text{m/s}$, $c_2 = 1\ 800\ \text{m/s}$, $\rho_1 = 1\ 000\ \text{kg/m}^3$, $\rho_2 = 1\ 800\ \text{kg/m}^3$)

(2)软边界。和硬边界相反,在软边界中底部声速小于海水声速。同样将水平波数分成三个区域进行分析。

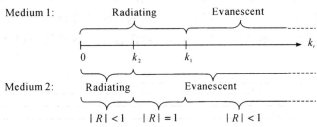

图 5 - 5 软底环境中波数空间的声场特点

$k_r < k_1$:波在两种介质中传播,能量透射到底部介质: $|R| < 1$ 。

$k_1 < k_r < k_2$:波在上半空间弥散,但传播到下半空间: $|R| = 1$ 。

$k_2 < k_r$:波在两种介质中均弥散: $|R| < 1$ 。

既然平面波在传播过程中水平波数满足关系 $k_r \leqslant k_1$,仅第一个区域和平面波的反射系数有关。图 5 - 6 给出了某软底环境中反射系数的幅度与相位随掠射角的变化关系曲线,这种情况下,不存在全反射临界角,全反射只发生在掠射角为 0 的情形,但此时存在穿透角,即反射系数为 0,所有能量全部进入海底。

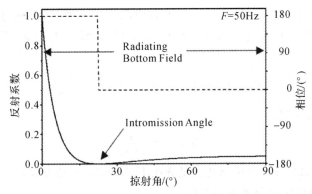

图 5 - 6 软底环境中反射系数的幅度与相位随掠射角的变化(实线为幅度,虚线为相位)

($c_1 = 1\ 500\ \text{m/s}$, $c_2 = 1\ 300\ \text{m/s}$, $\rho_1 = 1\ 000\ \text{kg/m}^3$, $\rho_2 = 1\ 800\ \text{kg/m}^3$)

由于理想的平面波是不存在的,平面波反射系数的应用非常有限。然而,对于理解海洋中能量的传播,以及基于平面波的海洋声学数值模型的应用,反射系数的概念还是很重要的。

5.3 波数积分声场数值模型

5.3.1 波数积分声场计算方法

波数积分方法是采用积分转换技术计算水平分层介质声场的数值方法,声场解是深度分离方程的波数积分。在水声学中,波数积分方法常称为FFPs,这是因为在计算波数积分时用到了FFT技术。波数积分方法可以应用到距离无关或水平分层的水下环境中,如图5-7所示。所有的分界面是平面且是平行的。波数积分是基于这样一种思路:对水平分层的环境,在每层中可通过一些未知系数得到声场的精确积分表达式,而这些系数可同时利用所有分界面的边界条件加以确定,整个声场就可由积分表达式的数值计算而获得。波数积分方法不仅可以用于理想的水平分层的同种流体介质中,而且可以直接扩展到处理声速随深度变化和含弹性介质的问题。

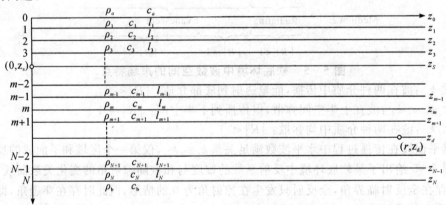

图5-7 水平分层介质

在水平分层的水下声学环境中,一个简谐点声源位于z轴上,坐标为$(0,z_s)$。在此引入柱坐标系(r,φ,z),声场和张角φ无关。分析第m层,假设含有声源,位移势$\psi_m(r,z)$满足Helmholtz波动方程,

$$[\nabla^2 + k_m^2(z)]\psi_m(r,z) = f_s(z,\omega)\frac{\delta(r)}{2\pi r} \tag{5-27}$$

$k_m(z)$代表第m层的波数:

$$k_m(z) = \frac{\omega}{c(z)} \tag{5-28}$$

相似地,没有声源的分层中位移势满足齐次Helmholtz波动方程,即$f_s(z,\omega)=0$。利用Hankel积分变换,得到深度分离波导方程:

$$\left[\frac{d^2}{dz^2} - [k_r^2 - k_m^2(z)]\right]\psi_m(k_r,z) = \frac{f_s(z)}{2\pi} \tag{5-29}$$

该方程的解称为深度相关格林函数,它由式(5-29)的特解 $\hat{\psi}_m(k_r,z)$ 与式(5-29)两个独立齐次解的线性组合叠加而成,用数学式表示为

$$\psi_m(k_r,z) = \hat{\psi}_m(k_r,z) + A_m^+(k_r)\psi_m^+(k_r,z) + A_m^-(k_r)\psi_m^-(k_r,z) \tag{5-30}$$

式中,A_m^+ 和 A_m^- 表示由该层分界面的边界条件确定的系数。当这些未知系数确定以后,通过逆 Hankel 变换就可以得到整个物理声场。

因此,利用波数积分方法求解波导声场自然地分为两个步骤:①对给定的声源位置和接收深度,找到水平波数离散点上的深度相关格林函数值;②通过波数积分(逆 Hankel 变换)得到距离深度网格点上的声场。下面先介绍各向同性流体介质中声场解的过程,然后分析解深度分离波导方程的两种方法,并讨论关于波数积分的问题。

5.3.2 各向同性流体介质的波数积分声场解

各向同性理想流体层中,声速是恒定的,因此介质波数也恒定。对同种介质,式(5-29)的解是简单的指数函数形式:

$$\varphi^+(k,z) = e^{ik_z z} \tag{5-31}$$

$$\varphi^-(k,z) = e^{-ik_z z} \tag{5-32}$$

$$k_z = \sqrt{k_m^2 - k_r^2} \tag{5-33}$$

其中,k_z,k_r 是垂直与水平波数。如果层中没有声源,那么整个声场由逆 Hankel 变换表示成

$$\phi(r,z) = \int_0^\infty [A^- e^{-ik_z z} + A^+ e^{ik_z z}] J_0(k_r r)k_r dk_r \tag{5-34}$$

式(5-34)的物理意义在于将声波分解成上行波 $e^{-ik_z z}$ 和下行波 $e^{ik_z z}$,它们具有相同水平波数 k_r。流体层的边界条件,包含垂直位移 w 和法向应力 σ_{zz}。垂直位移为

$$w(r,z) = \frac{\partial \phi}{\partial z} \tag{5-35}$$

$$= \int_0^\infty [-ik_z A^- e^{-ik_z z} + ik_z A^+ e^{ik_z z}] J_0(k_r r)k_r dk_r$$

由胡克定律得到法向应力

$$\sigma_{zz}(r,z) = K\nabla^2\phi(r,z)$$

$$= -\rho\omega^2\phi(r,z) \tag{5-36}$$

$$= -\rho\omega^2 \int_0^\infty [A^- e^{-ik_z z} + A^+ e^{ik_z z}] J_0(k_r r)k_r dk_r$$

如果该层中存在声源,应该再加上非齐次方程(5-29)的特解。如果声源是无方向点声源,方程(5-29)的强迫项形式为

$$f_s(z,\omega) = S_\omega \delta(z-z_s) \tag{5-37}$$

式中,S_ω 是声源强度。方程(5-29)的特解为

$$\hat{\phi}(k_r,z) = \frac{S_\omega}{4\pi}\frac{e^{ik_z|z-z_s|}}{ik_z} \tag{5-38}$$

利用逆 Hankel 变换

$$\hat{\phi}(r,z) = \frac{S_\omega}{4\pi}\int_0^\infty \frac{S_\omega}{4\pi}\frac{e^{ik_z|z-z_s|}}{ik_z}J_0(k_r r)k_r dk_r \tag{5-39}$$

假如存在多个声源,那么总声场是各个声源贡献简单的叠加。位移和正应力为

$$\hat{w}(r,z) = \frac{S_\omega}{4\pi} \int_0^\infty \text{sign}(z - z_s) e^{ik_z | z - z_s |} J_0(k_r r) k_r dk_r \qquad (5-40)$$

$$\hat{\sigma}_{zz}(r,z) = -\frac{S_\omega \rho \omega^2}{4\pi} \int_0^\infty \frac{e^{ik_z | z - z_s |}}{ik_z} J_0(k_r r) k_r dk_r \qquad (5-41)$$

5.3.3 深度分离波导方程的直接全局矩阵解

直接全局矩阵(DGM:Direct Global Matrix)方法是一种稳定的解深度分离波动方程的方法。直接全局矩阵方法利用有限元思想求解深度分离波动方程,每一个分层作为一个有限元,齐次解的幅度是未知的,这些幅值可以看成是自由度。假设 A_m^-,A_m^+,B_m^- 和 B_m^+ 为第 m 分层解的幅值,可定义局部自由度向量来包括这四个参数:

$$\boldsymbol{a}_m(k_r) = \begin{bmatrix} A_m^-(k_r) \\ B_m^-(k_r) \\ A_m^+(k_r) \\ B_m^+(k_r) \end{bmatrix}, \qquad m = 1,2,\cdots,N \qquad (5-42)$$

垂直与水平位移以及垂直与水平应力边界条件用向量表示为

$$\boldsymbol{v}_m(k_r,z) = \begin{bmatrix} w(k_r,z) \\ u(k_r,z) \\ \sigma_{zz}(k_r,z) \\ \sigma_{rz}(k_r,z) \end{bmatrix}_m, \qquad m = 1,2,\cdots,N \qquad (5-43)$$

第 m 分层的齐次解具有下列矩阵关系式

$$\boldsymbol{v}_m(k_r,z) = \boldsymbol{c}_m(k_r,z) \boldsymbol{a}_m(k_r) \qquad (5-44)$$

局部系数矩阵 $\boldsymbol{c}_m(k_r,z)$ 是水平波数 k_r 和深度 z 的函数。对于同种介质层,深度变量仅出现在指数函数中,在这种情况下,系数矩阵可以写成

$$\boldsymbol{c}_m(k_r,z) = \boldsymbol{d}_m(k_r) \boldsymbol{e}_m(k_r,z) \qquad (5-45)$$

式中,$\boldsymbol{d}_m(k_r)$ 是和深度无关的矩阵,只含有变量 k_r,$\boldsymbol{e}_m(k_r,z)$ 是指数函数对角矩阵。

分层中含有声源时,齐次解的核函数要与源场的核函数 $\hat{\boldsymbol{v}}_m(k,z)$ 相加,由第 m 个分层面连续性的边界条件,

$$\boldsymbol{v}_m^m(k_r) + \hat{\boldsymbol{v}}_m^m(k_r) = \boldsymbol{v}_{m+1}^m(k_r) + \hat{\boldsymbol{v}}_{m+1}^m(k_r), \quad m = 1,2,\cdots,N-1 \qquad (5-46)$$

用上标替代了分层面的深度,如果此式重新写为

$$\boldsymbol{v}_m^m(k_r) - \boldsymbol{v}_{m+1}^m(k_r) = \hat{\boldsymbol{v}}_{m+1}^m(k_r) - \hat{\boldsymbol{v}}_m^m(k_r), \quad m = 1,2,\cdots,N-1 \qquad (5-47)$$

这种表述方法去掉了齐次解在有源声场中的不连续性。由此引入分层面的不连续性向量

$$\boldsymbol{v}^m(k_r) = \boldsymbol{v}_m^m(k_r) - \boldsymbol{v}_{m+1}^m(k_r), \quad m = 1,2,\cdots,N-1 \qquad (5-48)$$

同样可以写出有源声场的不连续性向量 $\hat{\boldsymbol{v}}^m(k_r)$。

为了将局部方程(5-47)应用到全局系统,由局部到全局投影得到全局自由度向量 $\boldsymbol{A}(k_r)$

$$\boldsymbol{a}_m(k_r) = \boldsymbol{S}_m \boldsymbol{A}(k_r) \qquad (5-49)$$

则不连续向量具有形式

$$\boldsymbol{v}^m(k_r) = [\boldsymbol{c}_m^m(k_r) \boldsymbol{S}_m - \boldsymbol{c}_{m+1}^m(k_r) \boldsymbol{S}_{m+1}] \boldsymbol{A}(k_r), \quad m = 1,2,\cdots,N-1 \qquad (5-50)$$

将不连续性向量 $v^m(k_r)$ 投影到全局不连续性向量 $V(k_r)$，

$$V(k_r) = \sum_{m=1}^{N-1} T^m v^m(k_r) \tag{5-51}$$

代入式(5-50)变为

$$V(k_r) = \sum_{m=1}^{N-1} T^m [c_m^m(k_r) S_m - c_{m+1}^m(k_r) S_{m+1}] A(k_r) \tag{5-52}$$

同样，全局有源声场不连续性向量

$$\hat{V}(k_r) = \sum_{m=1}^{N-1} T^m [\hat{v}_m^m(k_r) - \hat{v}_{m+1}^m(k_r)] \tag{5-53}$$

由式(5-47)、式(5-52)和式(5-53)可得

$$C(k_r)A(k_r) = -\hat{V}(k_r) \tag{5-54}$$

$C(k_r)$ 是全局系数矩阵，由局部系数矩阵的和组成：

$$C(k_r) = \sum_{m=1}^{N-1} T^m [c_m^m(k_r) S_m - c_{m+1}^m(k_r) S_{m+1}] \tag{5-55}$$

拓扑矩阵 S_m 和 T^m 是稀疏矩阵，仅含有 0 和 1。式(5-49)和式(5-51)可以用一组唯一的指针代替，这组指针建立起局部系统和全局系统的关系。在液体-固体-真空的情况下，拓扑矩阵 S_m 仅含有非渐消波场幅度，T^m 仅包含第 m 分层面的边界条件。由式(5-49)和式(5-51)定义的指针的下标取决于每层中未知量的个数和分层面的边界条件。因此它们与频率和波数无关，是先验条件。

尽管从理论角度看深度坐标轴可以任意选取，但对于数值算法的稳定性深度，坐标轴是很关键的。首先，因为指数函数的变量是有界的，任意选取的原点不是对所有层都方便的。在每一层中采用局部原点，但对于较厚的层和较大的水平波数，数值算法仍然不稳定，因为指数函数变量的实部在弥散区域变得非常大。在无损失的情况下，垂直波数在弥散区域是纯虚数，

$$k_z = i\gamma \tag{5-56}$$

两个指数函数解为

$$\varphi_m^+(k_r, z) = e^{-\gamma z} \tag{5-57}$$

$$\varphi_m^-(k_r, z) = e^{+\gamma z} \tag{5-58}$$

在这种情况下可能会发生溢出，但选取上边界作为下行波的原点，下边界作为上行波的原点可以避免这种现象，确保在所有层中指数函数在弥散区域有负指数，即

$$\varphi_m^+(k_r, z) = e^{-\gamma(z-z_{m-1})} \tag{5-59}$$

$$\varphi_m^-(k_r, z) = e^{+\gamma(z-z_m)} \tag{5-60}$$

如果分层中没有声源，弥散波场是两个指数消散场的叠加。现在假设分层上部存在声源，声场由下边界消散，只存在 $e^{-\gamma(z_m-z)}$。然而，当分层很厚或水平波数较大时，下行消散波在下边界没有意义，上行消散波不存在。换句话说，在该波数区间弥散层和无限大半空间是一样的。

因此，通过选择合适的局部坐标和局部到全局的投影矩阵，就能得到无条件稳定的数值算法。直接全局矩阵算法对于许多机器精度都是无条件稳定的。

采用直接全局矩阵算法解深度相关的波导方程具有以下特点：

(1)它是一种高效算法，可以计算多深度声场，如深度-距离传播损失和垂直线列阵响应。

（2）另一个优点是多个声源形成的声场可以简单认为各个声源声场的叠加，因此，DGM方法可以直接应用于垂直线列阵形成有限波束的传播问题。

（3）DGM方法的最大优点是它的无条件稳定性，没有提高计算量，是解深度分离波动方程的高效算法。

（4）DGM方法需要较多计算机内存，不适合在小内存计算机上计算，此外，确定局部-全局投影矩阵的程序比较复杂，它更适合一般的传播模型计算。

5.3.4　深度分离波导方程的传播矩阵解

使用与DGM方法相同的符号，第 m 分层下边界声场参数向量为

$$v_m(k_r, z_m) = c_m(k_r, z_m) a_m(k_r) \tag{5-61}$$

式中，$v_m(k_r, z_m)$ 包含第 m 分层面的位移和应力；$a_m(k_r)$ 包含第 m 分层的声场幅值，也就是 A_m^- 和 A_m^+。同样，第 m 分层上边界声场参数向量

$$v_m(k_r, z_{m-1}) = c_m(k_r, z_{m-1}) a_m(k_r) \tag{5-62}$$

由式（5-61）和式（5-62）得到

$$v_m(k_r, z_{m-1}) = P_m(k_r) v_m(k_r, z_m) \tag{5-63}$$

$P_m(k_r)$ 称为第 m 分层的传播矩阵，

$$P_m(k_r) = c_m(k_r, z_{m-1}) [c_m(k_r, z_m)]^{-1} \tag{5-64}$$

局部系数矩阵维数小，它们的逆能得到封闭解，传播矩阵也可以得到封闭解。利用声场参数在边界的连续性，由式（5-63）可以建立第 m 分层面和较低的第 n 分层面的矩阵关系为

$$v_m(k_r, z_m) = R_n^m(k_r) v_{n+1}(k_r, z_n) \tag{5-65}$$

$$R_n^m(k_r) = \prod_{\ell=m+1}^{n} P_\ell(k_r) \tag{5-66}$$

在 z_s 深度上，正应力是连续的，法向位移不连续，即

$$\begin{bmatrix} \hat{w}(k_r, z_s^-) \\ \hat{\sigma}_{zz}(k_r, z_s^-) \end{bmatrix} - \begin{bmatrix} \hat{w}(k_r, z_s^+) \\ \hat{\sigma}_{zz}(k_r, z_s^+) \end{bmatrix} = \begin{bmatrix} -S_\omega/2\pi \\ 0 \end{bmatrix} = \hat{v}(k_r, z_s) \tag{5-67}$$

现在用式（5-65）将解从最底部传播到声源所在的虚设分层面 s，加上声场参数的不连续性，得到在顶部界面的参数向量：

$$v_1(k_r, z_1) = R_s^1(k_r) [R_{N-1}(k_r) v_N(k_r, z_{N-1}) + \hat{v}(k_r, z_s)] \tag{5-68}$$

对于纯液态分层，上式提供了含有四个未知声场参数的两个方程。此外，上边界和下边界条件，以及有限半空间的辐射条件确定了这四个未知参数。例如自由表面的正应力为0：

$$\sigma_{zz}(k_r, z_1) = 0 \tag{5-69}$$

在液态半空间中，辐射条件决定了只能存在下行波，在底部界面有以下阻抗条件：

$$\sigma_{zz}(k_r, z_{N-1}) = -\frac{\rho_N \omega^2}{i k_{z,N}} w(k_r, z_{N-1}) \tag{5-70}$$

在纯液态情况下，传播矩阵方法将直接全局矩阵方法中的 $2(N-1)$ 个未知量减少到仅有两个，而且式（5-68）中的系数矩阵通过小矩阵的连续相乘得到。因此传播矩阵方法对内存需求较小，易于应用在小型计算机上。但要计算某点的声压，必须在该点引入一个虚拟的分层面。

假设第 m 分层的厚度为 h_m，得到传播矩阵为

$$\boldsymbol{P}_m(k_r) = \boldsymbol{d}_m(k_r)\,\mathbf{e}_m(k_r, z_{m-1})\left[\mathbf{e}_m(k_r, z_m)\right]^{-1}\left[\boldsymbol{d}_m(k_r)\right]^{-1} \tag{5-71}$$

两个对角矩阵的乘积为指数对角矩阵：

$$\mathbf{e}_m(k_r, z_{m-1})\left[\mathbf{e}_m(k_r, z_m)\right]^{-1} = \begin{bmatrix} \mathrm{e}^{-ik_{z,m}h_m} & 0 \\ 0 & \mathrm{e}^{ik_{z,m}h_m} \end{bmatrix} \tag{5-72}$$

声波在层中弥散,则一个指数变得非常大,另一个非常小。理论上指数增长的项在式(5-68)中会抵消,但由于机器存在精度,有可能导致算法的不稳定。

传播矩阵算法与 DGM 算法相比的一个主要优点是相对容易实现,虽然最后得出的方程式维数比较小,但要比 DGM 算法效率低。传播矩阵算法的缺点体现在以下几方面:①首先式(5-68)不是无条件稳定的;②其次,一般的海洋声学环境是液态和弹性体的混合,传播矩阵在每层中的维数必须相同,结果式(5-65)包含许多零元素相乘,相反,不管有没有弹性层,DGM 算法只需要 2×2 系数矩阵;③若存在多个接收点,传播矩阵方法必须在每个接收点引入一个虚拟分层面,而 DGM 算法可以用最小的计算代价求解任何一点的声压,因此,传播矩阵方法的性能取决于水平分层数和接收点个数,而 DGM 算法仅取决于分层数。

5.3.5　波数积分

为了确定出距离深度平面内的声场,需要评估深度相关格林函数的逆 Hankel 变换,

$$g(r,z) = \int_0^\infty g(k_r, z)\mathrm{J}_m(k_r r)k_r\,\mathrm{d}k_r \tag{5-73}$$

其中, $g(r,z)$ 表示感兴趣的声场参数,如声压、位移、振速等。$g(k_r, z)$ 是相应的波数核函数,通过上述的全局矩阵或传播矩阵可解得。Bessel 函数的阶数 $m=0$(对水平位移和剪切应力而言, $m=1$)。以上积分的数值评估是复杂的,因为它具有以下特点:①积分上限为无穷大;②Bessel 函数具有振荡特性,尤其在远距离处;③对波导问题,核函数的极点在实波数轴上或靠近实波数轴。因此,应注意选择合适的积分技术。

采用快速场(Fast Field Program,FFP)积分技术,除距离小于几个波长及非常大的传播角情况外,可对逆 Hankel 变换进行精确评估。

首先将 Bessel 函数用 Hankel 函数的形式表示:

$$\mathrm{J}_m(k_r r) = \frac{1}{2}\left[\mathrm{H}_m^{(1)}(k_r r) + \mathrm{H}_m^{(2)}(k_r r)\right] \tag{5-74}$$

当距离比较远时, $\mathrm{H}_m^{(2)}(k_r r)$ 可以忽略,并用渐进形式表示:

$$\lim_{k_r r \to \infty} \mathrm{H}_m^{(1)}(k_r r) = \sqrt{\frac{2}{\pi k_r r}}\mathrm{e}^{\mathrm{i}\left[k_r r - \left(m+\frac{1}{2}\right)\frac{\pi}{2}\right]} \tag{5-75}$$

则逆 Hankel 变换表达式为

$$g(r,z) \approx \sqrt{\frac{1}{2\pi r}}\mathrm{e}^{-\mathrm{i}\left(m+\frac{1}{2}\right)\frac{\pi}{2}}\int_0^\infty g(k_r, z)\sqrt{k_r}\mathrm{e}^{\mathrm{i}k_r r}\,\mathrm{d}k_r \tag{5-76}$$

以上近似虽然没有解决积分区间和被积函数的振荡问题,但指数函数比 Bessel 函数更适合数值积分,可减少计算时间。对上式进行数值计算需处理好积分区间的截断和水平波数的采样两个问题。

(1)积分区间的截断。用数值算法求解上式的积分,就要对水平波数积分区间进行截断,截断的物理基础是:核函数一般在某个波数 $k_{\max}$ 以外时衰减非常快。为了得到近似的截断区

间,可以利用式(5-76)中指数函数的振荡性质。只要 $r \neq 0$,就可以确保 $k_r \to \infty$,甚至声源和接收点位于同一深度上核函数不可积时,积分也是收敛的。因此,积分区间超过某一波数 k_{max} 时,就可以忽略它对积分的贡献。然而,k_{max} 取决于距离,对多距离声场的计算,并不希望采用不同的截断波数,而希望一个统一的与距离无关的最大波数。一个简单的方法是使波数趋于最大波数时,核函数在积分区间逐渐变小。

尽管以上方法可以减小截断误差,k_{max} 的选择并不容易自动进行,相反,合适的选择需要对波导声学有基本的理解,尤其是针对弹性海底和冰盖的情况。

(2)波数区间的采样。对波数区域和距离进行 M 点等间隔采样,$\Delta k_r = (k_{max} - k_{min})/(M-1)$,得到

$$k_\ell = k_{min} + \ell \Delta k_r, \quad \ell = 0, 1, \cdots, (M-1) \tag{5-77}$$

$$r_j = r_{min} + j \Delta r, \quad j = 0, 1, \cdots, (M-1) \tag{5-78}$$

并使

$$\Delta r \Delta k_r = \frac{2\pi}{M} \tag{5-79}$$

M 为 2 的整数幂次方,由此得到式(5-76)的近似式

$$g(r_j, z) \approx \frac{\Delta k_r}{\sqrt{2\pi r_j}} e^{i\left[k_{min} r_j - \left(m + \frac{1}{2}\right)\frac{\pi}{2}\right]} \sum_{\ell=0}^{M-1} \left[g(k_\ell, z) e^{i r_{min} \ell \Delta k_r} \sqrt{k_\ell} \right] e^{\frac{2\pi \ell j}{M}} \tag{5-80}$$

式中的求和可以应用 FFT 算法。

用 FFT 进行频谱分析时,如果信号在时域采样率过低,将在频域产生混叠现象,所得到频谱和信号的真实频谱有偏差。同样,用 FFT 计算波数积分时,如果采样频率过低,也会产生混叠现象。为了确保离散傅里叶变换的正确性,声场在距离区间外必须是消散的。因此,由于周期延拓,对式(5-80)的评估不是得到精确的 $g(r, z)$,而是对距离窗为 $R = M \Delta r$ 的信号叠加求和:

$$g(r_j, z) \approx \sum_{n=-\infty}^{\infty} g(r + nR, z) \tag{5-81}$$

当水平距离 $r > R$ 时,$g(r, z) \neq 0$,就会产生混叠,计算得到的声场将和实际声场有偏差,要使偏差尽量小,就要求 $r > R$ 时,声压有很大衰减,这样就可以使混叠产生的误差很小。实际海洋环境中,由于存在海水的吸收损失和海底的反射损失等因素,当距离较大时,声场一般会衰减很大,但是如果存在传播条件较好的波导,声在传播过程中不与海底作用,则可能传播到很远的距离,这时更要注意参数的选择。

通过将积分投影到复平面上的方法可以避免混叠现象。由复平面 Cauchy 积分定理可知,改变积分回路后复平面内两点的积分不变,因此引入投影偏差因子 ε(一个正的小量,通常取 $10^{-4} \sim 10^{-5}$),使积分区间向下偏离水平波数实轴 ε 距离。此时,

$$g(r, z) = \sum_{n=-\infty}^{\infty} g(r + nR, z) e^{-\varepsilon(r+nR)} \tag{5-82}$$

当 $(r + nR)$ 非常大时,$e^{-\varepsilon(r+nR)}$ 项将会产生较大衰减,从而使得混叠产生的误差很小,而对于关心的中短距离上,由于 ε 是一个非常小的小量,$e^{-\varepsilon(r+nR)}$ 近似等于1,所以影响不大。

这样可令 $\tilde{k} = k - i\varepsilon$,代入式(5-80)后得

$$g(r,z)\mathrm{e}^{-er} \approx \sqrt{\frac{1}{2\pi r}}\mathrm{e}^{-\mathrm{i}(m+\frac{1}{2})\frac{\pi}{2}}\int_0^\infty g(k_r - \mathrm{i}\varepsilon, z)\sqrt{k_r - \mathrm{i}\varepsilon}\,\mathrm{e}^{\mathrm{i}k_r r}\,\mathrm{d}k_r \tag{5-83}$$

再次利用 FFT 技术,得到

$$g(r_j, z) \approx \frac{\Delta k_r}{\sqrt{2\pi r_j}}\mathrm{e}^{er_j + \mathrm{i}[k_{\min}r_j - (m+\frac{1}{2})\frac{\pi}{2}]}\sum_{\ell=0}^{M-1}\left[g(k_\ell - \mathrm{i}\varepsilon, z)\mathrm{e}^{\mathrm{i}r_{\min}\ell\Delta k_r}\sqrt{k_\ell - \mathrm{i}\varepsilon}\right]\mathrm{e}^{\mathrm{i}\frac{2\pi\ell j}{M}} -$$
$$\sum_{n\neq 0}g(r_j + nR, z)\mathrm{e}^{-enR} \tag{5-84}$$

偏差因子 ε 的选取可以事先设定,也可以根据问题的不同自动选取,按照一般的选取原则,可以令

$$\varepsilon = \frac{3}{R\lg\mathrm{e}} = \frac{3}{2\pi(M-1)\lg\mathrm{e}}(k_{\max} - k_{\min}) \tag{5-85}$$

5.4　波数积分模型及实例

SCOOTER 是用于计算与距离无关的声场的程序。该方法基于频谱积分(反射法或 FFP 方法)的直接计算。其声压与介质特性一样是通过分段线性单元来近似的。

5.4.1　SCOOTER 模型说明

SCOOTER 软件包包括两个模块:SCOOTER 主程序和生成的 FIELDS 声场文件。

SCOOTER 模型的输入文件(.ENV)与 KRAKEN 或 KRAKENC 使用的文件相同。输出是一个格林函数文件(代替 KRAKEN 生成的 MOD 文件)。请注意,SCOOTER 包含介质中密度梯度的影响(而 KRAKEN 和 KRAKENC 不涉及)。另外,在 SCOOTER 中不处理界面散射。

SCOOTER 模型的文件组成如下:

输入文件:

　　* .ENV 环境文件

　　* .BRC 底部反射文件

　　* .TRC 顶部反射文件

　　* .IRC 内部反射文件

输出文件:

　　* .PRT 打印文件

　　* .GRN 格林函数文件

其中,输入的环境文件和反射文件用于设定声场环境,其中 ENV 文件是不可缺省的。输出文件中打印文件会输出程序运行状态,如果程序未能正常运行,也可以在 PRT 文件中检查错误信息。GRN 文件输入 FILED 用于绘制声场。

ENV 文件的示例和说明:

％＊＊＊＊＊＊＊＊＊＊＊＊＊＊＊＊环境文件_开始＊＊＊＊＊＊＊＊＊＊＊＊＊＊＊

```
"Pekerisproblem"          ! TITLE
100.0                     ! FREQ（Hz）
1                         ! NMEDIA
'CVF'                     ! SSPOPT
0 0.0 150.0               ! DEPTH of bottom（m）
0.0 1500.0 /             ! SSP
150.0 1500.0 /
'A' 0.0                   ! BOTOPT  SIGMA(m)
150.0 2000.0 0 0.0 2.0 / 
1400.0 2000.0             ! CLOW  CHIGH（m/s）
500.0                     ! RMAX(km)
1                         ! NSD
10.0 /                    ! SD(1:NSD)(m)
31                        ! NRD
0.0 150.0 /               ! RD(1:NRD)(m)
```

%＊＊＊＊＊＊＊＊＊＊＊＊＊＊＊＊＊环境文件_结束＊＊＊＊＊＊＊＊＊＊＊＊＊＊

各行定义如下：

(1)标题。

(2)频率，以 Hz 为单位。

(3)传播介质数，同一介质内介质属性应该是平稳变化的，在流体/弹性界面或者密度不连续变化处应该使用新介质层。

(4)声速选项，该部分由五个字母表示。

1)第一位可选字母 5 个，表示声速插值的计算方法：

C：表示 C 型线性插值（建议）；

N：表示 N2 线性插值；

S：表示三次样条插值（谨慎使用）；

A：表示分析插值，需要进一步编译；

Q：表示有二维声速剖面，需要 ＊.SSP 文件提供二维声速信息。

2)第二位可选字母 4 个，表示顶部边界类型：

V：表示真空类型；

R：表示完全刚性界面；

A：表示声学半空间；

F：表示需要从 ＊.TRC 文件读取。

3)第三位可选字母 5 个，表示衰减的单位：

N：Nepers/m；

F：(dB/m)kHz；

W：dB/wavelength；

M：dB/m；

Q：Q-factor。

L：Loss parameter (loss tangent)。

4)可空置:若要描述声音的 Thope 体积衰减,则设置为"T"。

5)空置:仅限 BELLHOP 模型和 KRAKEN 模型使用。

6)空置:仅限 BELLHOP 模型使用。

注意,此处还可附加两行分别定义顶部半空间和 Twersky 散射参数,在此不再赘述,详情可查阅使用手册。

(5)声速配置。

1)第一项为内部离散化中使用的网格点数,如果输入网格点数为 0,程序将自动计算点数。在声学介质中,每个垂直波长的网点数量应该大约为 10 个。在弹性媒体中,所需的数量可能会有很大的变化,每个波长 20 个网点是一个合理的起始值。

2)第二项为 RMS 粗糙度。

3)第三项为介质底部深度(m)。在下面的配置文件中读取时,该值用于检测最后一个声速剖面点。

(6)接下来为声速剖面信息:当上面的海水表面类型为"A"时,需要录入以下信息:

深度　纵波声速　横波声速　表面密度　纵波吸收系数　横波吸收系数。

输入"/"表示该行输入完毕;当海水表面类型不为"A"时,则只需要用到前两项参数,格式如下:

深度　声速 /。

(注:如声速配置中第三项所述,程序只会读取到声速配置中第三项所规定的深度,即使这个深度之后还有声速剖面信息,也会被忽略;另一点需要注意的是,声速剖面的信息中不能出现深度重复的情况。)

(7)底部信息。

1)该部分由两个字母表示,第一位可选字母 4 个,表示介质类型:

V:表示真空类型;

R:表示完全刚性界面;

A:表示声学半空间;

F:表示需要从 *.BRC 文件读取。

第二位空置,仅限 BELLHOP 模型使用。

2)界面粗糙度。

(8)接下来为海底底质信息,格式同声速剖面一样。如果 BOTOPT(1:1)=A,即用户已经为底部 BC 指定了一个同质的半空间,那么只应该有一行。如果 BOTOPT(2:2)=F,即用户指定从.BRC(底部反射系数)文件读取底部 BC,则只需要该文件而不需要这一行。

(9)相速度限制。

1)CLOW:最小相速度(m/s),如果设置为 0,则程序会自动计算。但是通过设置一个合适的最小值可以让程序跳过一些低阶模态,主要用于排除掉界面模态。

2)CHIGH:最大相速度(m/s),可以控制计算出的最大模态个数并节省计算时间,另一方面,通过调节 CHIGH 可以控制最大出射角。

(10)接收点的最大范围。

(11)声源个数。

(12)声源深度,若声源个数为多个,则此行填最浅和最深深度,程序会按声源个数在两深度间等间隔取样。

(13)接收深度个数。

(14)接收深度,格式同声源深度。

注意,声源和接收器都必须位于有限元域内。接收点的最大范围大于最大接收范围可以提高精度,但是会使运行时间增加。CPU 大致使用时间与接收点数量无关,但随着声源数量线性增加。

在正确输入.ENV 文件并运行 SCOOTER 后,会得到一个输出文档(＊.PRT)和模态信息文件(＊.GRN),可以从输出文档中得到部分模型结果信息,在此不再赘述。再运行 FIELD,读入.GRN 即可解算声场。

对于 FILED 程序,输入文件:

＊.FLP	声场参数文件
＊.GRN	格林函数文件

输出文件:

＊.PRT	输出文档文件
＊.SHD	声场结果文件

```
% * * * * * * * * * * * * *声场参数文件_开始* * * * * * * * * * * * * * *
/,                      ! TITLE
'RA'                    ! OPT 'X/R', 'C/A'
9999                    ! M   (number of modes to include)
1                       ! NPROF
0.0                     ! RPROF(1:NPROF) (km)
501                     ! NR
0.0 0.5 /               ! R(1:NR)   (km)
1                       ! NSD
10.0 /                  ! SD(1:NSD)   (m)
31                      ! NRD
0.0 150.0 /             ! RD(1:NRD)   (m)
31                      ! NRR
0.0 /                   ! RR(1:NRR)   (m)
% * * * * * * * * * * * * *声场参数文件_开始* * * * * * * * * * * * * * *
```

(1)OPT 控制参数。

1)OPT(1:1):声源类型。

R:点源;

X:线源。

2)OPT(2:2):简正波选择。

C:耦合简正波;

A:绝热简正波。

3)OPT(4:4):相干或非相干。

C:相干；

I:非相干。

（2）模态个数，用于控制计算声场时使用的最大模态个数，如果设置值超过 .mod 文件中读入的模态个数，则这些模态会被全部使用。

（3）NPROF:声速剖面的个数。

（4）RPROF:每个剖面的距离（km）。对于距离无关的问题，显然只有一个剖面。但 RPROF(1)必须为 0.0。

（5）NR:接收距离个数。

（6）R(1:NR):各个接收距离（km）。

（7）NSD:声源个数。

（8）SD(1:NSD):各个声源深度（m）。

（9）NRD:接收深度个数。

（10）RD(1:NRD):各个接收深度（m）。

（11）NRR:接收距离位移，必须等于 NRD。

（12）RR(1:NRR):接收深度位移，如果没有倾斜和偏移的垂直阵，则该向量全为 0。

5.4.2 仿真算例

为了方便使用，避免不必要的运行环境问题和输入错误，我们采用 Matlab 的声学工具箱 AcTUP。这里以 AcTUPv2.2L 为例。工具箱可以在以下网址下载：http://oalib. hlsresearch.com/。工具箱界面如图 5-8 所示。

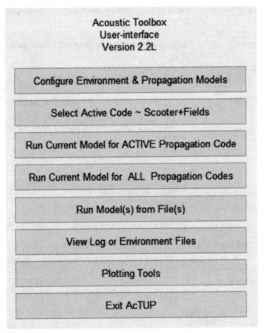

图 5-8 声学工具箱

首先点击第一项设置环境文件，进入第一项的二级菜单后，分别选择 Edit Environment

和 Edit Code – Independent Propagation Parameters 进行环境参数、声源和接收点等参数的设置，如图 5 – 9、图 5 – 10 所示。

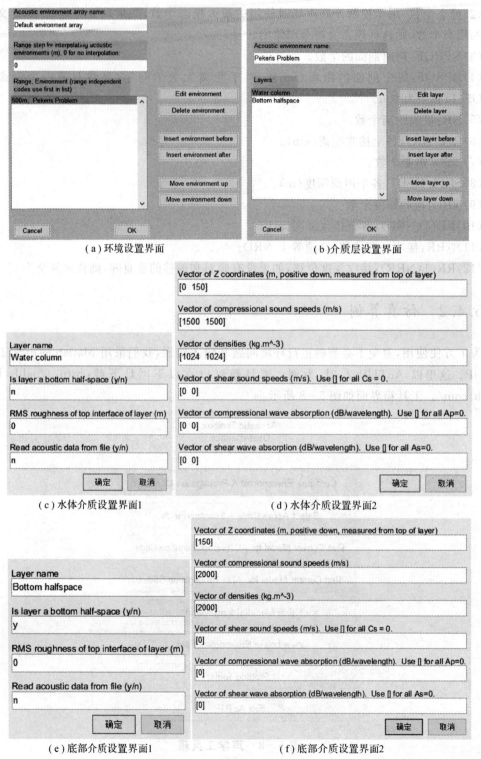

（a）环境设置界面 　　　　　　　　　　　（b）介质层设置界面

（c）水体介质设置界面1 　　　　　　　　　（d）水体介质设置界面2

（e）底部介质设置界面1 　　　　　　　　　（f）底部介质设置界面2

图 5 – 9　环境参数设置界面

Title
Default run parameters

Frequency(s) [Hz]
100

Source depth [m]
10

Receiver depth(s) [m]
5 10 15 20 25 30 35 40 45 50 55 60 65 70 75 80 85 90 95 100 105 110

Minimum range [m]
0

Maximum range [m]
1000

Number of range slices (#steps + 1)
200

Sub directory for output files
Default\

Filename prefix for output files
Pekeris Problem

Use bathymetry file where supported {y/n}
n

Allow manual edit of environment file {y/n}
n

确定 取消

图 5 - 10 声源和接收点等设置界面

设置完成后,选择 Save Run Definition 保存设置。保存后返回第一级菜单,选择第二项的使用模型为 Scooter＋Fields,之后点击第三项运行模型。运行完成无报错的情况下,就成功运行了 SCOOTER 模型。此时可以选择 Plotting Tools 菜单,在该二级菜单下选择 Transmissionlossvsrangeanddepth,选择生成的 SHD 文件,即可得到如图 5 - 11 所示声场图。

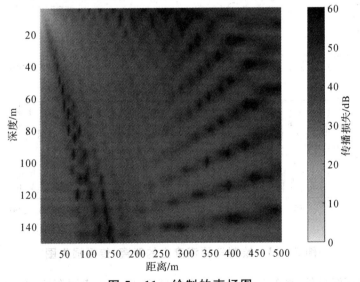

图 5 - 11 绘制的声场图

图 5 - 11 的环境参数设置为水深 150 m,水平距离 500 m,声源深度 10 m,声速 1 500 m/s,频率 100 Hz,海水底部为半空间。当然 Plotting Tools 中还可以绘制距离-传播损失图或深度-传播损失图,如图 5 - 12、图 5 - 13 所示。

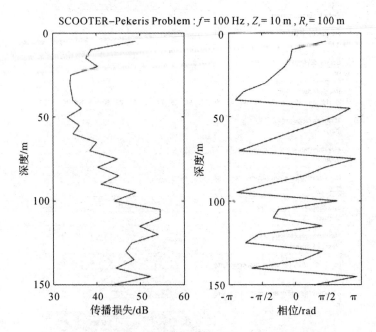

图 5 - 12　绘制 100 m 距离上的深度-传播损失图

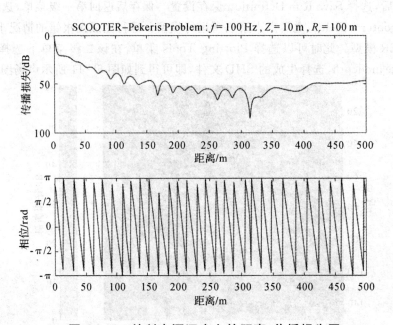

图 5 - 13　绘制声源深度上的距离-传播损失图

下面是典型深海条件,水深 5 000 m,水平距离 50 000 m,声源深度 500 m,声速剖面如图 5 - 14 所示,频率 100 Hz,海水底部为半空间。得到声场如图 5 - 15 所示。

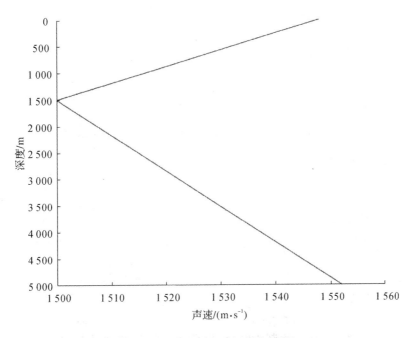

图 5 - 14 深海环境声速剖面

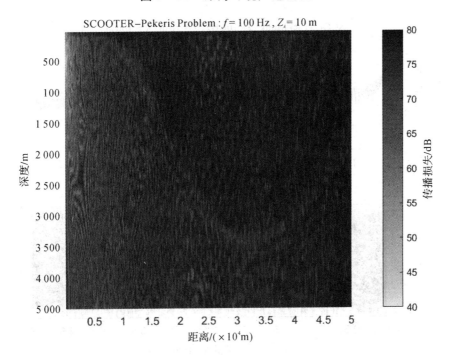

图 5 - 15 绘制的声场图

绘制距离-传播损失图以及深度-传播损失图,如图 5 - 16、图 5 - 17 所示。

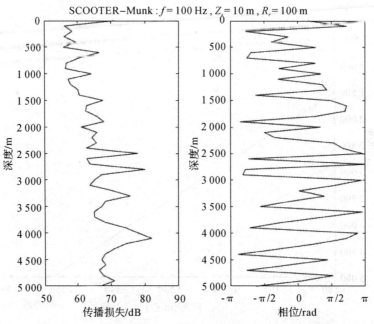

图 5 - 16   绘制 1000 m 距离上的深度-传播损失图

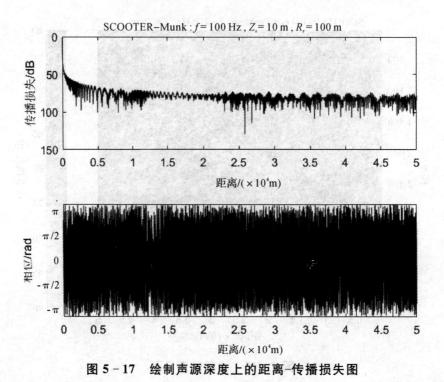

图 5 - 17   绘制声源深度上的距离-传播损失图

以上就是使用 AcTUP 工具箱运行 SCOOTER 模型的基本实例,该工具箱还有其他的功能,请读者自行探索。

参 考 文 献

[1] PEKERIS C L. Theory of propagation of explosive sound in shallow water[J]. Geological Society of America，1948(27):1 - 117.

[2] JARDETZKY W S. Period equation for an N - layered halfspace and some related questions[R]. New York:[s. n.]，1953.

[3] ELASTIC R S. Waves in Layered Media. By W. M. Ewing，W. S. Jardetzky and F. Press. Pp. xi + 380，with numerous figs. McGraw - Hill Publishing Co. 1957. Price 75s.[J]. Geological Magazine，1959，96(2):175.

[4] THOMSON W T. Transmission of Elastic Waves through a Stratified Solid Medium [J]. Journal of Applied Physics，1950，21(2):89 - 93.

[5] HASKELL N A. The dispersion of surface waves on multilayered media[J]. Bulletin of the Seismological Society of America，1953，43(1):86 - 103.

[6] KENNETT B L N. Seismic Wave Propagation In Stratified Media[J]. Geophysical Journal International，1986，24(1):69 - 70.

[7] SCHMIDT H. SAFARI:Seismo - Acoustic Fast Field Algorithm for Range－Independent Environments. User's Guide[J].[S. l. :s. n.]，1988.

[8] SCHMIDT H，JENSEN F B. A full wave solution for propagation in multilayered viscoelastic media with application to Gaussian beam reflection at fluid - solid interfaces [J]. Journal of the Acoustical Society of America，1985，77(3):813 - 825.

[9] SCHMIDT H，TANGO G. Efficient global matrix approach to the computation of synthetic seismograms[J]. Geophysical Journal of the Royal Astronomical Society，1986，84 (2):331 - 359.

第六章　海洋环境噪声场模型

6.1　概　　述

海洋环境噪声研究具有重要的意义。一方面,海洋环境噪声是水声信道中的干扰背景场,任何声呐系统的性能都要受海洋环境噪声的限制。当利用声呐方程对声呐作用距离进行预报时,要求对海洋环境噪声级(Noise Level, NL)进行预估。另外,在声呐信号处理方案中,从抗干扰的角度出发,还要求充分掌握噪声场的时空统计特性,找出和利用信号场与噪声场在时空统计特性方面的差异,使声呐系统达到更高的信噪比,以提高声呐设备的抗干扰能力。例如,对无指向性的海洋环境噪声,可以通过设计一个较窄的波束对它进行抑制;而对于有指向性的海洋环境噪声,可以通过设定波束凹槽或零点约束的方法达到抑制噪声的目的[1]。另一方面,由于海洋环境噪声是海洋中的固有声场,它在传播过程中不可避免地要与海面、海底等信道的边界发生作用,因此具有许多与传播路径相关的介质本身以及海面和海底的特征,至今已有许多研究利用海洋环境噪声估计了与海洋有关的参数,如海面的风速、降雨、海浪、海底的反射临界角、海底声速等参数,以及利用环境噪声作为照明声源探测海中的目标[2]。因而,对噪声场的研究与对信号场的研究具有同等的重要性。

研究海洋环境噪声场的目的在于获得平均的环境噪声级 NL 及其时空统计特性依赖于环境因素的关系,找出其规律性,并能作出预报,为声呐设备的设计和研制提供必要的数据,同时为进一步了解和开发海洋开辟一条新途径。

6.2　海洋环境中的噪声源

海洋环境噪声的来源是多种多样的,从发声的来源分,环境噪声大体可分为气象噪声、人为噪声和生物噪声三种类型。具体地说,气象噪声包括由潮汐、地震扰动、海洋湍流、风、海面波浪、降雨引起的噪声以及热噪声和冰下噪声等;人为噪声主要包括船舶噪声及近海的石油开发和其他工业活动等引起的噪声;生物噪声包括鲸和某些鱼、虾等海洋生物发出的噪声。而从不同海域的环境噪声源来看,深海和浅海又有较大的不同,深海噪声源通常包括潮汐、涌浪引起的压力波和湍流引起的压力脉动、地震活动、海面的风、降雨、分子热运动及海洋中生物群体的活动等。而在近海海湾或港口处,工业的人为噪声、进出船只的噪声也是海洋噪声的重要来源。因此,与深海环境噪声源比较确定的情况不同,在近海、海湾和港口处,环境噪声级的变化很大[2]。接下来将对不同海域普遍存在的各种噪声源做简单的介绍。

从第二次世界大战开始,人们就广泛采用海底深水水听器测量了从低于 1 Hz 到 100 kHz 频段的深海环境噪声,对深海环境中的噪声源及其特性有了较深入的认识。研究结果表明,环境噪声在不同的频段具有不同的特性,而且随着自然条件的变化,谱线各部分形状及斜率也相应发生变化,这种变化在谱线的不同频段也是不相同的。这说明深海噪声源是多种源的综合效应,在不同的频段,这些源中的某一个或某几个会超过其他源占主要地位。

图 6-1 是观测到的一个典型深海环境噪声谱[3],它由五个不同斜率的部分组成,在不同条件下谱曲线具有不同的形状。在整个频带内噪声源是多重性的,谱也是复杂的,但谱的各频段或区间是可分辨的,并有主要的噪声源与之相对应。

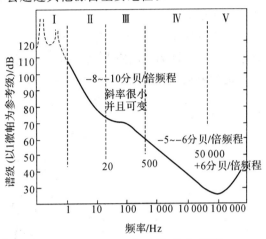

图 6-1　典型深海环境噪声谱[3]

Ⅰ频段:1 Hz 以下频段,人们对这段谱还不是很了解。估计噪声主要来源于潮汐和波浪引起的水静压力效应或地震扰动。它的变化周期为 1～2 次/天。这种压力变化的量级虽然很大,但其频率远低于水声工程中感兴趣的频率范围,而且它只局限于很窄的频率范围内。

Ⅱ频段:1～20 Hz,谱的斜率为-8～-10 分贝/倍频程,在深海中与风速仅有微弱的关系,可能的噪声源是海洋湍流。

Ⅲ频段:20～500 Hz,噪声谱较平坦且可变,远处行船是主要的噪声源,它是以接近水平的方向到达深水水听器的,这些船可能距测量水听器 1 000 海里或者更远。另外,远处的风暴也是此频段的主要噪声源,其作用可以和行船的作用相比。

Ⅳ频段:500 Hz～50 kHz,这一频段的主要噪声源是海面风关噪声,它具有-5～-6 分贝/倍频程的斜率。第二次世界大战期间,人们对 500 Hz～25 kHz 间的深海环境噪声进行了许多次观测,指出了海况与环境噪声谱级之间的直接关系,并在这些数据的基础上,得出以海况为参量的著名的 Knudsen 谱[4],如图 6-2 所示。Knudsen 谱提供了各海况下供预报用的噪声谱曲线。然而,事实上海况是很难精确估计的,后来的资料显示,噪声与风速的相关性要优于海况。

Ⅴ频段:50 kHz 以上频段,主要受海水分子运动产生的热噪声影响,这一频带的噪声谱具有 6 分贝/倍频程的正斜率。

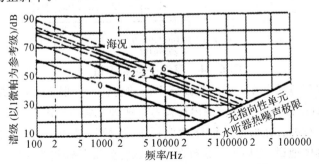

图 6-2　海洋环境噪声 Knudsen 谱[4]

在 20 世纪 60 年代,Wenz 通过分析总结各种噪声源的特性,提出了经典的环境噪声

Wenz谱级图[5]，如图6-3所示。它能够较细致地给出环境噪声的普遍规律性，因而被认为是最具代表性的深海噪声谱曲线。该谱线虽然定性地解释了海洋环境噪声与海洋参数之间的关系，但还应当注意冬季的信道传播条件优于夏季（主要表现在声速剖面的优势），相应的海洋噪声谱级可能有所增加。

在工程应用中，为了预报海洋环境噪声级，通常需要给出不同自然条件下的典型的平均噪声谱，图6-4即满足此要求，它给出了不同航运和风速条件下的噪声谱曲线，在实际使用时，选择适当航运和风速条件下的曲线，就能近似得到该区域的噪声谱级。

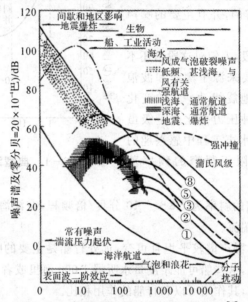

图 6 - 3 海洋环境噪声 Wenz 谱级图[5]

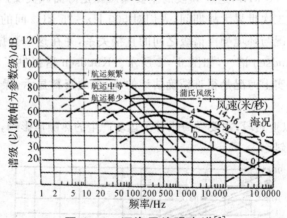

图 6 - 4 深海平均噪声谱[3]

总的来说，海洋环境噪声在不同的频段有不同的特性。一般来说，从数值预报的角度，在几十赫兹以上、10 kHz以下的频率范围内可仅考虑两种主要的噪声源：风引起的海面扰动（即风关噪声源）和远处行船。在低于1 kHz的低频段，远处行船产生的噪声以及一些工业噪声是主要的噪声源，具体地说，它们主要分布在几十赫兹至几百赫兹的较低频段，远处行船噪声实际上是不同地理位置上离散源辐射噪声场的叠加，在理论上较容易实现，然而由于实际中偶然因素太多，无法对远处行船噪声进行系统研究，因此人们往往对其进行统计描述。在几百赫兹以上的高频段,风关噪声是主要的噪声源。特别是在较高的海况下,风与海浪的相互作用是影响风关海洋环境噪声的主要因素。风关噪声还包括浪花的破裂声、海面湍流噪声以及波浪上下移动辐射的声波。由于风关噪声存在的普遍性,人们对风关海面噪声的研究一直比较关注。

6.3　海洋环境噪声计算模型的发展历程

海洋环境噪声的数学模型把噪声级和指向性作为频率、深度、时间、地形和海底介质等参数的函数,对其进行预报,主要分为环境噪声和波束噪声统计模型两种模型。前者用于预报水听器感知的平均噪声级,后者则专门预报大孔径、窄波束被动声呐系统的低频航运噪声特性[6]。第二次世界大战以来已经陆续发展了一系列理论模型,包括 Cron 和 Sherman 于 20 世纪 60 年代最早提出的海面噪声经典模型(C/S 模型)[7]、Kuperman 和 Ingenito 提出的分层海洋的波动模型(K/I 模型)[8]、Harrison 提出的射线声学模型(CANARY 模型)[9]等。最近 20 年来又以理论模型为基础发展了多个数值预报模型,如比较实用的 RANDI 模型[10]。下面将对海面噪声源噪声场建模问题的国内外相关研究历史与现状予以介绍。

6.3.1　风关噪声源模型

海洋环境噪声理论模型包括噪声源模型及声传播模型两部分。最常用的噪声源模型分为噪声源具有时空分布的动态模型和认为噪声源不随时间改变的静态模型[11]。其中的静态模型又一般作两种假设:一种假定海面噪声源为点源,各点源统计相关且无指向性,在海面之下某一深度的无限平面上均匀分布;另一种是假定海面噪声源为点源,各点源统计独立、有指向性且直接分布在海面上。Liggett 与 Jacobson[12-13]已证明这两种静态模型是等价的,并指出无指向性点源空间分布的相关函数与指向性点源的指向性函数相互具有联系。噪声源级的大小具体是由实验数据推导拟合或者由经验模型推导而来的。

对风成噪声源,Wilson[14]给出了基于白帽指数的风成噪声源级经验公式如下:

$$R(U) = \frac{U^3}{1749.6} - \frac{U^2}{81} + \frac{1.5U}{4.32}, \quad 9 < U < 30 \tag{6-1}$$

其中,U 为风速,适用范围:10~30 knots,适用频率范围:50~1000 Hz;Kuperman 和 Ferla[15]则给出了从 RANDI 实验数据中去掉传播效应后的风成噪声源级公式:

$$SL_w = 55 - 6\lg[(f/400)^2 + 1] + (18 + v/4)\lg(v/10) \tag{6-2}$$

其中,v 为风速,单位:knots;f 为频率,单位:Hz。

针对雨成噪声源,Urick[3]给出的源级(SL,Source Level)公式与降雨率 R(mm/h)有关,基本与频率无关:

$$SL_R = 51.03 + 10\lg R \tag{6-3}$$

6.3.2　航船噪声源模型

针对船舶噪声源,Ross[16]提出了典型商船辐射噪声的回归公式:

$$SL = 175 + 60\lg(U/25) + 10\lg(B/4) \tag{6-4}$$

其中，B 为螺旋桨叶片数，U 为螺旋桨末端转速，单位：m/s；Hamson[17]的经验公式为

$$SL = 186 - 20\lg f + 6\lg(v_s/12) + 20\lg(L/300) + 10\lg N \tag{6-5}$$

其中，f 为频率，单位：Hz；v_s 为船速，单位：knots；L 为船长，单位：feet；N 为每平方米船只的数目。

航船辐射噪声源主要由机械噪声、螺旋桨噪声和水动力噪声构成，而噪声强度往往与航船吨位大小直接相关。广阔的海域中分布着各种类型的航船，不能采用单一的形式来计算航船噪声强度级。因此，可按照吨位从大到小将航船分成 5 类，分别为超级油轮、大型油轮、商船、普通油轮和渔船。根据 ANDES[18] 模型，各种类型的航船在距离声源 1 m 处的声源级如图 6-5所示，参考值为 1 $\mu Pa^2/Hz$。

综合考虑各种类型航船对单位面积内噪声强度的贡献，引入下式计算单位面积内的航船噪声的声强级：

$$ns_{j,l}^2 = (1.852)^{-2} \times 10^{-9} \sum_{st=1}^{5} d_{j,l}(st) \times 10^{SL(f,st)/10} \tag{6-6}$$

式中，st 为航船类型，$st=1,2,\cdots,5$ 分别对应 5 种航船类型；$d_{j,l}(st)$ 为每 1000 平方海里内其中一种类型航船的个数；$SL(f,st)$ 为其中一种类型航船的噪声声源级，其值可由图 6-5 得到。

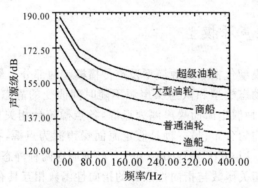

图 6-5 各类航船的声源级

6.3.3 噪声传播模型

(1)C/S 模型。Cron 和 Sherman[7]提出的模型假设海水与海底为均匀半空间，噪声源分布于无限大海表面，具有 $\cos^m\alpha$（通常 $m=1$ 或 2）结构的辐射指向性，其中 α 是以垂直向下为零度来计算的俯仰角。采用的传播模型较为简单，仅考虑声的直线传播，相关系数与接收器的绝对深度无关，只与接收器间的连线距离 d 有关，不考虑边界影响，该模型只适合等声速的半空间无限深的海洋情况。

(2)Chapman 模型。Chapman[19-20]对 Cron 和 Sherman 提出的模型进行了改进，将海底反射的影响和声传播效应考虑进去，将噪声强度表示为以俯仰角 θ 为变量的函数：

$$I(\theta) = \begin{cases} I_0(\theta)\left[\dfrac{1}{1-V(\theta)}\right], & \theta > 0 \\ I_0(\theta)V(\theta)\dfrac{1}{1-V(\theta)}, & \theta < 0 \end{cases} \tag{6-7}$$

其中，$V(\theta)$ 是海底的平面波强度反射系数，$\theta>0$ 表示波束指向海面方向；$I_0(\theta)=I_0^*\cdot S(\theta)/(2\pi\sin\theta)$，$S(\theta)$ 是噪声源的指向性函数，I_0^* 是海平面上单位面积的源强。

（3）Buckingham 模型。Buckingham[21] 在均匀声速剖面、弱损失海底类型的浅海环境下，用简正波方法求得噪声场的垂直相关函数以及阵增益。通过海底弱损失的假设，满足了简正波的低损耗传播，使得噪声场主要来自于远场离散谱的贡献，可以忽略近场连续谱的成分。在 Buckingham 模型当中，水体的中间部分存在一个"近似均匀"的区域，在此区域中垂直放置的水听器之间的相关系数仅与其间隔有关，与其绝对位置无关。

$$C_{il}=\pi NA^2 z_0\{\sin[(M+1/2)(z_i-z_l)]\sin(z_i-z_l)/2-1\}/\Delta \tag{6-8}$$

式中，C_{il} 为噪声场的垂直相关系数；M 是简正波数目；z_i、z_l 是水听器深度；z_0 是声源层深度；N 是单位面积上声源的数量；A 是常数；Δ 表示简正波衰减的量。

（4）Plaisant 模型。Plaisant[22] 选择射线理论作为声传播模型，同时考虑了水体衰减、海底衰减和变化的声速剖面的影响，模型结果和实测数据在 500 Hz 以上十分相近。此模型认为相关函数只与接收点之间的相对位置有关，与其绝对位置无关。

（5）K/I 模型。Kuperman 和 Ingenito[8] 提出的模型假定声源为具有随机相位的单极子声源，在海面以下的无限平面上均匀分布，该平面的深度为四分之一波长，利用波动理论推导了分层海洋中噪声场的互谱密度函数，利用简正波特征值特征函数来表达格林函数，从而求得互谱密度。

（6）Carey 模型。Carey[23-25] 等人利用抛物线方程传播模型，将海面噪声源与其耦合起来，计算得到海洋环境中噪声场的垂直分布，该分布与距离有关。Carey 模型把海面声源分成两部分，内部为不随距离变化的圆形区域，外部则与距离有关，在传播上作柱面对称简化假设，只适用于远场。

（7）CANARY 模型。英国的 Harrison[9] 对声线做射线处理，在 20 世纪 90 年代中期提出了射线声学模型（CANARY 模型），模型把 Buckingham 在等声速波导中的结论推广到一般的非均匀声速剖面的情况，假设噪声源均匀分布于海面，考虑声速剖面、海面和海底衰减以及海水的吸收衰减等各种信道环境对噪声场的影响，在计算时只计算声源到接收点的声线，可用于快速计算噪声随深度的变化、垂直指向性和阵响应。

（8）简正波射线混合模型。T. C. Yang[26] 对风关噪声场的近场和远场采用不同的方法，建立了波数积分-简正波噪声模型，并对可能影响噪声场垂直指向性的环境因素进行了分析讨论。中科院声学所林建恒博士在 T. C. Yang 将噪声场分为远近场理论的基础上，建立了海洋环境噪声简正波射线混合模型。模型推导了用射线方法计算近场的表达式，在保证计算精度的同时，提高了计算速度。

6.3.4　数值预报模型

最近 20 年以来在理论模型的基础上发展了多个环境噪声数值预报模型，如美国的 RANDI（Research Ambient Noise Directionality Mode）[10]，DUNES（Directional Underwater Noise Estimates）[27]，ANDES（Ambient Noise Directional Estimation System）[18] 和英国的 CANARY（Coherence and Ambient Noise for Arrays）[9] 等模型。RANDI 模型用于计算低频海洋环境噪声的垂直和水平指向性、解释浅海环境噪声的特殊机理。DUNES 模型估计频率

上的全向、垂直、水平和三维指向性噪声。这个模型包括高纬度和坡度增强的风成噪声效应。模型重点在自然环境噪声的计算，航运噪声的贡献由外在加入，并不依靠庞大的航运数据库。ANDES 模型主要用于浅海环境噪声建模，包括航运密度和声速数据库，此模型能计算由于声场中风速和离散声源运动引起的噪声指向性变化。CANARY 模型是基于射线理论的环境噪声和噪声相干模型，用于评估与距离和相位有关的环境下的声呐性能，它将噪声源看成面分布而非点源。近年来，研究者基于以上模型对海洋环境噪声进行了广泛的研究，包括环境噪声随深度、频率、地形和舰船密度等环境因素的变化，以及噪声的垂直和水平指向性等。

6.4　海洋环境噪声场计算模型

本部分主要介绍两种噪声场计算模型，分别为声场互易模型和无限半空间海洋噪声场模型，具体内容可参考文献[1,28 - 31]。

6.4.1　基于声场互易的噪声场模型

该部分以航船噪声计算为例，对海洋环境噪声场建模进行分析描述。

6.4.1.1　航船噪声场模型

航船噪声需要分析大范围海域，且远处行船是主要噪声源，这些船离水听器几百公里到几千公里甚至更远，因而行船噪声源符合声场传播的远场假设。海水中任意一点的噪声是由各个方向传到该点的互不相关的平面波叠加而成。远场假设决定了航船噪声不仅是时间平稳的，而且是空间平稳的。

航船噪声的计算示意图如图 6 - 6 所示，下面做以下假设：①整个海面都是噪声源，接收点 $\bar{x} = (x, y, z)$ 位于坐标原点 O 处，将海面噪声源划分为依赖于距离 $r_j (r_j = r_0 + j\Delta r, j = 1, 2, \cdots, J)$ 和方位角 $\beta_l (\beta_l = l\Delta\beta, l = 1, 2, \cdots, L)$ 的环形网格面源区域 $\text{area}_j (\text{area}_j = \Delta\beta \cdot \Delta r \cdot r_j)$。②一个深度为 z_s 离接收点距离为 r_j 且与 x 轴夹角为 β_l 处的海面噪声源在接收点产生的复声压为 $P(\omega, \bar{x}, r_j, z_s, \beta_l)$，其中角频率 $\omega = 2\pi f$，f 为声源频率，单位为 Hz。③距离表面噪声源 1 m 处的归一化复声压值取为 1，即 0 dB。

基于以上假设，设 1 m 处声强级为 $SL_{j,l}$，参考值为 1 $\mu\text{Pa}^2/(\text{Hz} \cdot \text{m}^{-2})$，则单位面积内噪声强度可表示为

$$ns_{jl}^2 = 10^{SL_{j,l}/10} \tag{6-9}$$

将海面所有噪声源加上随机相位后按照划分的面源网格进行叠加得到接收点 $\bar{x}$ 处的复声压为

$$P(\bar{x}) = \sum_{l=1}^{L} \exp(i\varphi_l) \sum_{j=1}^{J} \exp(i\psi_j) ns_{j,l} \sqrt{\text{area}_j} P(\omega, \bar{x}, r_j, z_s, \beta_l) \tag{6-10}$$

式中，φ_l 为不同方位的随机相位，ψ_j 为不同距离的随机相位，二者均在 $[0, 2\pi]$ 内均匀分布。

航船噪声源的大面积分布必将导致声场的计算涉及大面积随地形变化的海域，而抛物方程 (Parabolic Equation, PE) 模型在计算水平不均匀环境条件下 (海底地形随距离变化，声速剖面随距离变化) 的声场时相对精确，因而选择 PE 模型进行声场计算。此外，由于噪声源与

接收点的距离往往在几百公里以上,远大于海水深度,因而选择声波按柱面扩展的抛物方程公式。对于一个声源深度为 z_s,方位角为 β_l,与接收点距离为 r_j 处的噪声源在接收点 $\bar{x}$ 处产生的复声压可表示为

$$P(\omega, \bar{x}, r_j, z_s, \beta_l) = \exp(ik_0 r_j) u(r_j, z_s, \beta_l)/\sqrt{r_j} \qquad (6-11)$$

式中,k_0 为参考波数,$k_0 = \omega/c_0$,$c_0 = 1\,500\ \text{m/s}$,c_0 为海水中的声速。

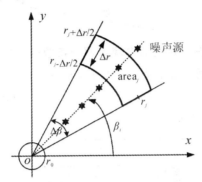

图 6 - 6　航船噪声计算示意图

噪声源的范围选取规则如下:以声基阵位置为圆心,半径从 300 km 到 3 000 km 的环形区域选择为对声基阵处噪声级有贡献的噪声源区域。因为声基阵的近场航船(300 km 以内)不属于该处背景噪声的组成部分,应该当成离散干扰源进行单独分析;而对于 3 000 km 以外的航船,由于声传播衰减很大,对声基阵处航船噪声级的贡献可以忽略不计。如图 6 - 7 所示,深色区域为噪声源区域,首先将圆面划分成 L 个角度相等的扇形区域,每个扇区的弧度 $\Delta\beta = 2\pi/L$;然后将每个扇区等距离划分成 J 个扇环,扇环宽度为 Δr,每个扇环被视为一个面源,共有 $L \times J$ 个面源,将这些面源在阵元上产生的声压叠加起来,即可得到该处的噪声级。

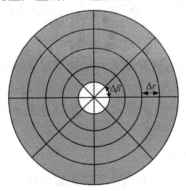

图 6 - 7　噪声源区域网格划分示意图

在真实的海洋波导中,海水深度、声速剖面和海底参数等都是随距离变化的,特别是海深的变化更为明显。对于求解随距离变化波导中的声学问题,抛物方程模型是非常有效的。对于随距离变化的波导环境,采用直接方法计算单个扇区的声场示意图如图 6 - 8 所示,H_1 为声基阵处的海深,H_2 为较远距离处的海深,对于阵元个数为 N_p 的垂直线列阵,声场每计算一次,只能得到单个声源在 N_p 个接收阵元上的归一化声压。由于各个方向和位置对应的地形和噪声强度有差异,要得到每个阵元的总声压级,每个噪声源都必须单独进行一次声场运算,因而采用直接法共需要进行 $M_D = J \times L$ 次声场计算。

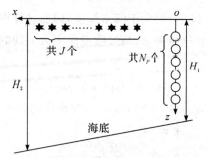

图 6-8　某一扇区方向噪声源与接收阵元的位置关系

根据声场的互易性,将声源与接收点位置反转,如图 6-9 所示。声场每计算一次,可以得到单个声源在 J 个接收阵元上的归一化声压。要得到每个阵元的总声压级,采用互易方法时声场的计算次数为 $M_R = N_p \times L$ 次。

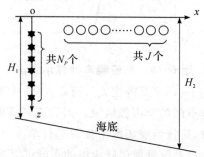

图 6-9　噪声源与接收阵元的位置反转后的示意图

当计算距离为 R,距离上的步长为 Δr,声基阵处的海深为 H_1,阵元间距为 Δd 时,分别采用直接法和互易方法时的声场运算次数之比为

$$\frac{M_D}{M_R} = \frac{R/\Delta r}{H_1/\Delta d} \cdot \frac{L}{L} = \frac{R \cdot \Delta d}{H_1 \cdot \Delta r} \tag{6-12}$$

由于航船噪声计算距离要到几千公里,而接收阵元个数一般只有几十个,使得某一方向上声源个数远远大于接收阵元个数,这样就大大地降低了声场的运算次数。例如,计算距离为 $R = 3\,000$ km,$\Delta r = 1\,000$ m,声基阵处的海深 $H_1 = 5$ km,$\Delta d = 200$ m,则 $M_D/M_R = 120$。由此可见,在距离变化的海洋波导中,采用互易方法计算航船噪声可以大大降低声场的运算次数。

6.4.1.2　航船噪声的指向性

研究航船噪声的垂直结构与空间指向性不仅能够反映噪声场的空间分布,而且对声基阵的布放位置和方式具有指导意义,有利于有效地抑制噪声场对声基阵性能的影响。假设一个由 N 个各向同性传感器组成的任意形状的声基阵,各阵元的位置为 $\boldsymbol{p}_n = (x_n, y_n, z_n)$,$(n=1, 2, \cdots, N)$。如图 6-10 所示,当入射信号在直角坐标系的方位角为 (ϕ, θ) 时,该方向的单位向量为

$$\boldsymbol{u} = \begin{bmatrix} \cos\phi\cos\theta \\ \cos\phi\sin\theta \\ \sin\phi \end{bmatrix} \tag{6-13}$$

信号在该方向上的响应向量为

$$v(\phi,\theta) = \begin{bmatrix} \exp(-\mathrm{j}\omega\tau_1(\phi,\theta)) \\ \exp(-\mathrm{j}\omega\tau_2(\phi,\theta)) \\ \vdots \\ \exp(-\mathrm{j}\omega\tau_N(\phi,\theta)) \end{bmatrix} \tag{6-14}$$

式中，$\tau_n(\phi,\theta)$ 为第 n 个阵元对 (ϕ,θ) 方向信号相对参考点的时间延迟。

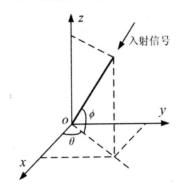

图 6 - 10　入射信号的方位角示意图

定义波数 k 为

$$k = -\frac{\omega}{c}u \tag{6-15}$$

则各个阵元上的相对时延可以表示为

$$\tau_n = k^{\mathrm{T}}p_n/\omega \tag{6-16}$$

式中，$(*)^{\mathrm{T}}$ 表示取转置；ω 为角频率 $\omega = 2\pi f$，f 为窄带信号中心频率。声基阵在该方向的阵列流形向量可以表示为

$$v(k) = \begin{bmatrix} \exp(-\mathrm{j}k^{\mathrm{T}}p_1) \\ \exp(-\mathrm{j}k^{\mathrm{T}}p_2) \\ \vdots \\ \exp(-\mathrm{j}k^{\mathrm{T}}p_N) \end{bmatrix} \tag{6-17}$$

假设声基阵接收到的航船噪声数据协方差矩阵为 R_x，于是可以定义波束扫描方位谱，即波束观察方向扫描得到的波束输出功率相对于方位的函数，方位谱定义为

$$P(\phi,\theta) = v^{\mathrm{H}}(k)R_x v(k) \tag{6-18}$$

式中，$(*)^{\mathrm{H}}$ 表示取共轭转置，方位谱显示时一般取对数，即 $10\lg P(\phi,\theta)$。

6.4.2　无限半空间海洋波导中的噪声场模型

图 6-11 展示了一种较为简单的海洋模型，水平均匀的海水下为无限半空间海底，ρ_1，$c_1(z)$ 可以水平分层，这样才能够满足对波动方程进行分解的条件。在下面的叙述中忽略声速的下标，统一用 $c(z)$ 来表示水中和海底在深度 z 处的声速。

本模型认为，噪声源为均匀分布的点源，分布在深度 z' 处与海面平行的无限平面上。假设该平面上的每一个点源都是单极子源，强度为 $s(r',t)$，r' 为水平坐标向量，t 为时间变量。这些声源受到压力释放界面——海面的影响，在水体中相当于偶极子声源。使用单极子声源是由于它不但可以表示最基本的波动体积源,也可以将在空间中有一定分布的单极子声源的总和来表示一些复杂的声源。因此,源函数可以表示为 $s(\boldsymbol{r}',t)\delta(z-z')$,水中的场函数 $\varPhi(\boldsymbol{r},z,t)$ 满足波动方程

$$(\nabla^2-\frac{1}{c^2(z)}\frac{\partial^2}{\partial t^2})\varPhi=-s(\boldsymbol{r}',t)\delta(z-z') \tag{6-19}$$

其中,$\delta(z)$ 是狄拉克 δ 函数。

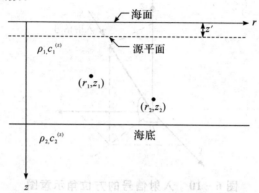

图 6 - 11　无限半空间海洋噪声模型示意图

采用傅里叶变换对源函数 $s(\boldsymbol{r}',t)$ 和场函数 $\varPhi(\boldsymbol{r},z,t)$ 进行表示:

$$\varPhi(\boldsymbol{r},z,t)=\sqrt{\frac{1}{2\pi}}\int_{-\infty}^{+\infty}\varphi_\omega(\boldsymbol{r},z)\exp(-i\omega t)\mathrm{d}\omega \tag{6-20}$$

$$s(\boldsymbol{r}',t)=\sqrt{\frac{1}{2\pi}}\int_{-\infty}^{+\infty}S_\omega(\boldsymbol{r}')\exp(-i\omega t)\mathrm{d}\omega \tag{6-21}$$

其中,ω 为角频率。将式(6-20)、式(6-21)代入式(6-19),得到

$$(\nabla^2+k^2)\varphi_\omega=-s_\omega(\boldsymbol{r})\delta(z-z');k\equiv\frac{\omega}{c(z)} \tag{6-22}$$

式(6-22)的解为

$$\varphi_\omega(\boldsymbol{r},z)=\int S_\omega(\boldsymbol{r}')G(\boldsymbol{r},\boldsymbol{r}';z,z')\mathrm{d}^2r' \tag{6-23}$$

其中,$G(\boldsymbol{r},\boldsymbol{r}';z,z')$ 为格林函数,满足亥姆霍兹方程和适当边界条件:

$$(\nabla^2+k^2)G(\boldsymbol{r},\boldsymbol{r}';z,z')=-\left(\frac{1}{r}\right)\delta^2(\boldsymbol{r}-\boldsymbol{r}')\delta(z-z') \tag{6-24}$$

式(6-23)表明了总的速度势是各个声源贡献的总和。注意到 S_ω 是各个噪声源的强度谱级,且总场是由式(6-20)对所有频率的积分得到,为了简化说明,下文忽略下标 ω。

互谱密度是噪声场空间相关性的度量。可以通过 $\varphi(\boldsymbol{r}_1,z_1)$ 与 $\varphi^*(\boldsymbol{r}_2,z_2)$ ($\varphi(\boldsymbol{r}_2,z_2)$ 的复共轭)的乘积并取集合平均得到。因此,

$$\langle\varphi(\boldsymbol{r}_1,z_1)\varphi^*(\boldsymbol{r}_2,z_2)\rangle=$$
$$\iint\langle S(\boldsymbol{r}')S^*(\boldsymbol{r}'')\rangle G(\boldsymbol{r}_1,\boldsymbol{r}';z_1,z')G^*(\boldsymbol{r}_2,\boldsymbol{r}'';z_2,z')\mathrm{d}^2r'\mathrm{d}^2r'' \tag{6-25}$$

其中,尖括号代表对随机函数 S 进行集合平均。如果用格林函数的傅里叶变换形式:

$$G(\boldsymbol{r},\boldsymbol{r}';z,z')=\frac{1}{2\pi}\int\mathrm{d}^2\boldsymbol{\eta}g(\boldsymbol{\eta};z,z')\exp[i\boldsymbol{\eta}\cdot(\boldsymbol{r}-\boldsymbol{r}')] \tag{6-26}$$

其中,$g(\boldsymbol{\eta};z,z')$ 满足公式

$$\frac{\partial^2 g}{\partial z^2} + [k^2(z) - \eta^2]g = -\frac{1}{2\pi}\delta(z-z') \tag{6-27}$$

利用 $g(\eta;z,z')$ 表示互谱密度:

$$\langle \varphi(\boldsymbol{r}_1,z_1)\varphi^*(\boldsymbol{r}_2,z_2) \rangle = \left(\frac{1}{2\pi}\right)^2 \iint \langle S(\boldsymbol{r}')S^*(\boldsymbol{r}'') \rangle \mathrm{d}^2 r' \mathrm{d}^2 r'' \times$$

$$\iint g(\boldsymbol{\eta};z_1,z')g^*(\boldsymbol{\eta}';z_2,z')\exp[\mathrm{i}\boldsymbol{\eta} \cdot (\boldsymbol{r}_1-\boldsymbol{r}')]\exp[\mathrm{i}\boldsymbol{\eta}' \cdot (\boldsymbol{r}_2-\boldsymbol{r}'')]\mathrm{d}^2\boldsymbol{\eta}\mathrm{d}^2\boldsymbol{\eta}' \tag{6-28}$$

现在让 $\boldsymbol{R} = \boldsymbol{r}_1 - \boldsymbol{r}_2$,$\boldsymbol{\rho} = \boldsymbol{r}' - \boldsymbol{r}''$,且假定噪声源的空间相关性 $\langle S(\boldsymbol{r}')S^*(\boldsymbol{r}'') \rangle$ 只依赖于 $\boldsymbol{\rho}$。在式(6-28)中,令 $\langle S(\boldsymbol{r}')S^*(\boldsymbol{r}'') \rangle = q^2 N(\boldsymbol{\rho})$,替换掉 $\boldsymbol{r}_1$ 和 $\boldsymbol{r}'$,对 $\boldsymbol{r}''$ 和 $\boldsymbol{\eta}'$ 的积分完成后,得到

$$C_\omega(\boldsymbol{R},z_1,z_2) = \langle \varphi(\boldsymbol{r}_1,z_1)\varphi^*(\boldsymbol{r}_2,z_2) \rangle$$

$$= q^2 \iint N(\boldsymbol{\rho})g(\boldsymbol{\eta};z_1,z')g^*(\boldsymbol{\eta};z_2,z')\exp[\mathrm{i}\boldsymbol{\eta} \cdot (\boldsymbol{R}-\boldsymbol{\rho})]\mathrm{d}^2\boldsymbol{\rho}\mathrm{d}^2\boldsymbol{\eta} \tag{6-29}$$

下标 ω 是用来提醒我们互谱密度是依赖于频率的函数。由于 g 和 g^* 与其方向无关只依赖于它的大小,对向量 $\boldsymbol{\eta}$ 在方位角上进行完积分后得到

$$C_\omega(\boldsymbol{R},z_1,z_2) = 2\pi q^2 \int N(\boldsymbol{\rho})\mathrm{d}\boldsymbol{\rho}\int_0^{+\infty} g(\eta;z_1,z')g^*(\eta;z_2,z')\mathrm{J}_0[\eta|\boldsymbol{R}-\boldsymbol{\rho}|]\eta\mathrm{d}\eta \tag{6-30}$$

其中,J_0 是零阶贝塞尔函数,用汉克尔函数的和来分解:

$$\mathrm{J}_0[z] = \frac{1}{2}(\mathrm{H}_0^{(1)}(z) + \mathrm{H}_0^{(2)}(z)) \tag{6-31}$$

上标表示第一类和第二类汉克尔函数。由 $-\mathrm{H}_0^{(1)}(-z) = \mathrm{H}_0^{(2)}(z)$,并将对 η 的积分由 $0 \sim \infty$ 扩展为 $-\infty \sim +\infty$ 得到

$$C_\omega(\boldsymbol{R},z_1,z_2) = \pi q^2 \int N(\boldsymbol{\rho})\mathrm{d}\boldsymbol{\rho}\int_{-\infty}^{+\infty} g(\eta;z_1,z')g^*(\eta;z_2,z')\mathrm{H}_0^{(1)}[\eta|\boldsymbol{R}-\boldsymbol{\rho}|]\eta\mathrm{d}\eta \tag{6-32}$$

通过互谱密度的表达式形式(式(6-30)和(6-32)),可以看出噪声场的结构:在水平方向上与噪声场点的绝对位置无关,只依赖于场点之间的水平向量 $\boldsymbol{R}$;在垂直方向上,空间相关性不仅与连接场点的垂直向量有关,同时也与场点的绝对位置有关。因此一般来说,噪声在垂直方向上不是恒定的。

由式(6-30)可以看出,噪声场的互谱密度是噪声源之间空间相关性 $N(\boldsymbol{\rho})$ 的函数。对于不相干的噪声源来说,

$$N(\rho) = \frac{2\delta(\rho)}{k^2\rho} \tag{6-33}$$

代入式(6-32),得到

$$C_\omega(\boldsymbol{R},z_1,z_2) = \frac{4\pi q^2}{k^2}\int_{-\infty}^{+\infty} g(\eta;z_1,z')g^*(\eta;z_2,z')\mathrm{H}_0^{(1)}[\eta R]\eta\mathrm{d}\eta \tag{6-34}$$

当 $\boldsymbol{R} = \boldsymbol{0}$ 且 $z_1 = z_2 = z$,得到在某点处的与其噪声强度成正比的量,式(6-34)变为

$$C_\omega(0,z_1,z_2) \equiv I_\omega(z) = \pi q^2 \int N(\boldsymbol{\rho})\mathrm{d}\boldsymbol{\rho}\int_{-\infty}^{+\infty} |g(\eta;z,z')|^2 \mathrm{H}_0^{(1)}[\boldsymbol{\rho}]\eta\mathrm{d}\eta \tag{6-35}$$

利用简正波表示上式中的格林函数即可得到噪声强度表达式。在水平分层海水介质中,声速和密度都可以认为是一个仅依赖于深度 z 的函数。若海水介质在深度上是有限的且设定合适的海底参数,则简正波的模态为离散的且数目有限。但若海水介质在深度上是无限的,则存在有限数目的离散简正模态和无限多个连续模态,格林函数将会是离散模态的和加上连续

模态的积分。

为了简化问题,认为模型的海洋环境为:海面为绝对软(声压释放)界面,海底为绝对硬界面,噪声场可以由一些列离散的简正模态来表示。虽然真实的海洋情况并不这样理想,往往是由海水和由多层组成的无限半空间底质构成,除了简正模态以外,连续模态对噪声场也是有贡献的,此方法忽略了近场的连续模态,可能会与实际情况有一定偏差。

用简正模态来表达格林函数:

$$g(\eta; z, z') = \frac{1}{2\pi\rho_s(z')} \sum_n \frac{U_n(z')U_n(z)}{\eta^2 - k_n^2} \qquad (6-36)$$

其中,$U_n(z)$ 和 k_n 是第 n 阶模态的归一化的幅度函数和波束,且是下式的解:

$$\frac{\partial^2 U_n(z)}{\partial z^2} + [k^2(z) - k_n^2(z)]U_n(z) = 0 \qquad (6-37)$$

其中,$\rho_s(z')$ 是海水介质在声源深度 z' 处的密度,$k(z) = \omega/c(z)$,$c(z)$ 是深度 z 处的声速。可以认为 k_n 是一个复数,形如

$$k_n = \kappa_n + i\alpha_n \qquad (6-38)$$

其中,$\kappa_n, \alpha_n \geqslant 0$;$k_n$ 的虚部 α_n 是模态衰减系数。值得注意的是,衰减必须有一定的值才能保证互谱密度函数收敛,这是因为在水平分层的海水介质中声传播为柱面扩展,而噪声源的辐射噪声能量则被认为是随场点间距离的平方而增加。因此,远场噪声源的贡献将随距离增加,总能量将会发散。任意量值的衰减会导致声强随距离呈指数衰减,从而保证系统的收敛。总而言之,互谱密度和噪声强度的结果非常依赖于所选择的衰减值。

将格林函数表达式(6-36)带入互谱密度函数(6-32)且考虑对 η 的积分。从式(6-36)可以看出,式(6-32)的极点在:

$$\eta = \pm k_n, \pm k_m^* \qquad (6-39)$$

其中,极点 $+k_n, -k_m^*$ 在上半平面,使用标准复数积分方法,利用一个半径很大的半圆,将上半平面围起来,求得留数 f_{nm},得到

$$C_\omega(\boldsymbol{R}, z_1, z_2) = \frac{iq^2}{4\rho_s^2(z')}\int d\boldsymbol{\rho} N(\boldsymbol{\rho}) \sum_{m,n} U_n(z')U_n(z_1)U_m(z')U_m(z_2) \times$$
$$f_{nm}[H_0^{(1)}(k_n|\boldsymbol{R} - \boldsymbol{\rho}|) - H_0^{(1)}(-k_m^*|\boldsymbol{R} - \boldsymbol{\rho}|)] \qquad (6-40)$$

其中,

$$f_{nm} = 1/(k_n^2 - k_m^{*2}) \qquad (6-41)$$

使用复波数 k_n 来改写 f_{nm},假设 $\kappa_n \ll \alpha_n, \kappa_m \gg \alpha_m$,得到

$$f_{nm} = \begin{cases} 1/(k_n^2 - k_m^2), & \text{当 } m \neq n \text{ 时} \\ 1/4i\alpha_n\kappa_n, & \text{当 } m = n \text{ 时} \end{cases} \qquad (6-42)$$

从式(6-42)可以看出,当衰减系数 α_n 为 0 时,$n = m$ 的项将会变为无限大,由前文的分析可知,这是由于远场噪声源的贡献。

忽略不相干的项($m \neq n$),对复波数 k_n 使用其实部 κ_n 来近似,式(6-40)可以进一步简化为

$$C_\omega(\boldsymbol{R}, z_1, z_2) = \frac{q^2}{8\rho_s(z')}\int d\boldsymbol{\rho} N(\boldsymbol{\rho}) \sum_n \frac{U_n^2(z')U_n(z_1)U_n(z_2)}{\alpha_n\kappa_n} J_0(\kappa_n|\boldsymbol{R} - \boldsymbol{\rho}|) \qquad (6-43)$$

最后,由于噪声源之间是完全不相干的,利用式(6-33),得到

$$C_w(\pmb{R}, z_1, z_2) = \frac{\pi q^2}{2k^2 \rho_s(z')} \sum_n \frac{U_n^2(z') U_n(z_1) U_n(z_2)}{\alpha_n \kappa_n} J_0(\kappa_n \pmb{R}) \qquad (6-44)$$

6.5　仿　真　算　例

6.5.1　算例1：基于声场互易噪声模型的水平海底航船噪声建模

6.5.1.1　环境条件设定

声速剖面选用经典的深海 Munk 声速剖面，如图 6-12 所示。海深 5 000 m，深海声道轴（Deep Sound Channel，DSC）深度和临界深度分别为 1 100 m 和 4 060 m，临界深度是指声道轴以下声速值等于海面声速时对应的深度。

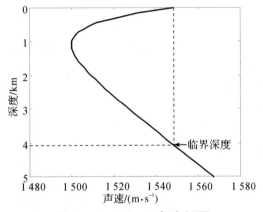

图 6-12　Munk 声速剖面

本章主要分析低频航船噪声，在 20～200 Hz 范围内航船噪声是构成深海环境噪声的主要成分，这里主要分析 50 Hz 和 100 Hz 的航船噪声特性。航船噪声源深度（Source Depth，SD）设定在 $\lambda/4$（$\lambda = c/f$，f 为噪声源频率）处。海底参数对远场航船噪声级的影响相对较小（相对于声速剖面、地形和噪声源强度），海底沉积层和基底类型的介质参数见表 6-1，沉积层按照深海平原底质选取。关于地形的参数，在每节中讨论时具体给出。下文中不做特别说明时，均采用本小节中的环境参数。

表 6-1　海底介质类型与参数

海底分层	厚度/m	声速/(m·s⁻¹)	密度/(g·cm⁻³)	衰减系数/(dB·λ⁻¹)
沉积层	200	1 508	1.344	0.33
基底	∞	1 800	1.840	0.30

6.5.1.2　传播损失

设定好环境参数和收发位置后，采用 RAMGEO 软件对 PE 声场模型进行求解。得到水平海底条件下的声传播损失图如图 6-13 所示。声源深度和频率如图题所示，计算距离为 200 km。从图中可以看出，在海深为 5 km 的水平海底条件下，声源放在海面附近时，声音能较好地利用深海声信道进行较远距离的传播,声波在大于等于临界深度的地方会发生自然反转。

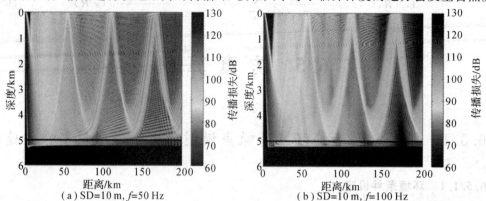

图 6-13　水平海底条件下的声传播损失

6.5.1.3　噪声指向性

航船噪声的水平指向性主要由声基阵周围的航船噪声源分布情况和各个方向上的声传播条件决定,而其垂直指向性除了受上述因素影响外,还跟声基阵的布放深度有较大关系。本小节不考虑地形的影响,将重点分析航船分布和基阵深度对噪声指向性的影响。假设某海域航船噪声源在 50 Hz 时的强度级($SL_{j,l}$)分布如图 6-14 所示,参考值为 $1\mu Pa^2/(Hz \cdot m^{-2})$ @ 1m,$\beta_l = 0°$ 表示方位谱指向正东方向。声源深度取 $\lambda/4$($\lambda = c/f$,c 为海水中的声速,f 为频率),图中黑色三角形表示声基阵的布放位置,黑色圆圈的半径为 300 km,圆圈以内的航船噪声源忽略不计。橙色区域主要为大洋航线或渔船高密度分布区域。

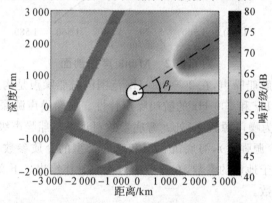

图 6-14　航船噪声声强级($SL_{j,l}$)分布

要得到航船噪声的水平和垂直二维指向性,应采用一个三维的声基阵,但这样声场的计算量会很大。由于整个噪声源区域已经被划分成 L 个扇区,分别对应水平面上的 L 个方向。因而将各个扇区方向上的噪声级强度看成该水平方向上的方位谱,即可反应航船噪声的水平指向性。对于航船噪声的垂直指向性,可以采用一个垂直线列阵(Vertical Line Array,VLA)进行计算。假定垂直阵孔径为 300 m,布放于图 6-14 中所示的黑色三角形位置,基阵深度为 50~350 m(中心深度位于 200 m 处),阵元间距取半波长。

在水平方向上,取 $L=36$,将噪声源区域划分为 36 个 $\Delta\beta = 10°$ 的扇形区域,分别计算各个方向的航船噪声响应。在计算距离上,取步长 $\Delta r = 1$ km 进行网格划分。设定好环境参数以及声源和接收阵位置后,结合图 6-9 所示的反转法,利用 RAMGEO 软件对声场进行求解得到各个声源在基阵各阵元上产生的复声压,然后代入式(6-11)即可得到所有声源在各阵元的声压值。

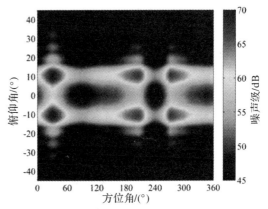

将垂直方向 $[-90°,90°]$ 的波束扫描空间按 $0.1°$ 的增量离散成 1 801 个角度,然后分别计算每个角度的波束输出,为方便起见,$\phi = 0°$ 表示俯仰角指向水平方向,$\beta_t = 0°$ 表示方位谱指向正东方向。利用式(6-18)计算得到航船噪声的指向性如图 6-15 所示,正的俯仰角表示波束指向海面方向(上视波束),用以捕获经海面反射后向下传播的信号,负的俯仰角表示波束指向海底方向(下视波束),用来捕获从海底方向向上传播的信号。从图中可以看出,航船噪声垂直指向性的峰值位于 $\phi = \pm 11°$ 方向,它主要

图 6-15 航船噪声的空间指向性(50Hz)

由声速剖面和基阵深度决定;航船噪声的水平指向性分别在 $30°$,$210°$ 和 $280°$ 方向存在 3 个峰值,这与图 6-14 中航船噪声源分布情况正好一一对应。

将上述声基阵的中心深度从 200 m 向海底方向移动至 4 800 m 得到航船噪声的垂直指向性随深度的变化关系如图 6-16 所示,图中黑线对应垂直指向性的水平方向($\phi = 0°$)。从图中可以看出,在临界深度(4 060 m)以上,航船噪声的垂直指向性在水平方向上出现了明显的凹槽,而且凹槽的宽度是随深度变化的,凹槽宽度在声道轴处达到最大;此外,其俯仰角峰值由两个对称的角度构成。在临界深度以下,凹槽逐渐消失,航船噪声的垂直指向性逐渐回到了水平方向。

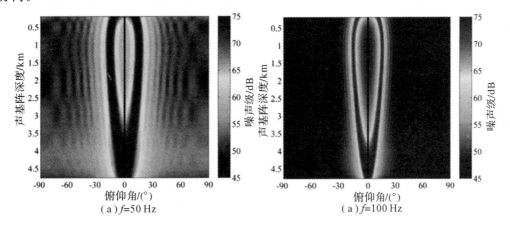

图 6-16 航船噪声垂直指向性随深度的变化关系

6.5.1.4 航船噪声随深度的变化关系

假定航船噪源的声强级($SL_{j,t}$)各向均匀分布且强度相等,在 50 Hz 和 100 Hz 时的强度级分别为 65 dB 和 59 dB,参考值为 $1\ \mu Pa^2/(Hz\cdot m^{-2})@1m$。计算得到不同海深条件下的航

船噪声级随深度的变化关系如图 6-17 所示。由图可见,当阵元深度大于临界深度逐渐向海底靠近时,航船噪声级逐渐降低,当阵元深度接近海底时,航船噪声级明显降低;与临界深度处的噪声级相比,海底处的噪声级降低值大约为 10 dB;主要原因是声线超过临界深度后逐渐开始发生反转,随着深度的变大,继续向下传播的声线越来越少,因而噪声级也越来越小。此外,当接收阵元在同一深度时,海深越深,航船噪声级越大,主要原因是,在较深的海深条件下,声音能够更好地利用深海声信道(Deep Sound Channel,DSC)进行远距离传播;当海深足够大时,声线不用与海底接触就能发生完全反转,因而就不存在海底对声音吸收的情况,能量损失就更小。

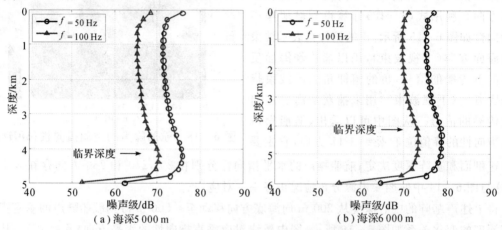

(a)海深 5 000 m (b)海深 6 000 m

图 6-17 不同海深条件下航船噪声级随深度的变化关系

6.5.2 算例 2:深海海沟附近的海洋环境噪声场

海沟分布在大陆坡边缘,主要见于环太平洋地区,大西洋和印度洋也有少数海沟。在太平洋东缘,海沟与路缘火山弧相伴随。环太平洋的地震带也都位于海沟附近;在大西洋西部,海沟与孤岛平行排列。假定某深海对称海沟剖面的简化示意图如图 6-18 所示,海沟底部最大深度为 7 000 m,海沟坡度 $\theta = 10°$,上边缘两端的距离约为 21 km,海洋深度为 5 000 m。

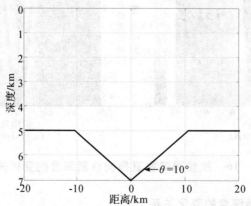

图 6-18 深海对称海沟剖面的简化示意图

6.5.2.1　海沟地形条件下的声传播损失

采用 6.5.1.1 中的环境条件,计算得到海沟地形条件下的声传播损失如图 6-19 所示,图中色标单位为 dB,声源频率为 100 Hz。图 6-19(a)中声源深度为 10 m,与海沟的水平距离 r 为 330 km,由于声源离海沟较远而且有海沟壁的遮挡,只有较少的声波能传播到海沟底部。图 6-19(b)为有海沟条件下的声传播损失,声源深度均为 6 800 m,从图中可以看出,有海沟条件下的声传播损失明显高于水平海底条件下的声传播损失,主要原因是由于海沟壁的遮挡,只有少部分能量能从海沟底部传播出来,从海沟中传播出来的声波都具有较大的仰角,这些声波不能利用 DSC 进行远距离传播,必须经过多次海面海底反射才能传播到较远距离,在经过这些界面反射的过程中会有大量的能量损失。

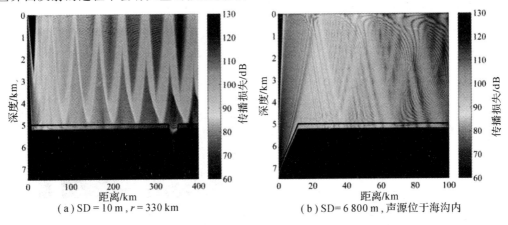

(a)SD=10 m,r=330 km　　　　　(b)SD=6 800 m,声源位于海沟内

图 6-19　深海海沟对声传播损失的影响

6.5.2.2　海沟内航船噪声的指向性

本小节只考虑海沟地形对航船噪声指向性的影响,忽略航船空间分布的影响,假定航船噪声源各向均匀分布且强度相等,在 50 Hz 时的强度级($SL_{j,l}$)为 65 dB,参考值为 1 $\mu Pa^2/$($Hz \cdot m^{-2}$)@1m。计算得到海沟内航船噪声的水平指向性如图 6-20 所示,图中极坐标半径对应的单位为 dB,圆周方向的单位为度,0°和 180°对应海沟剖面的方向,90°和 270°对应沿着海沟的方向,即垂直于海沟剖面的方向。图中 3 条曲线对应的接收阵元深度分别为 6 700 m,

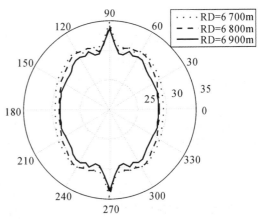

图 6-20　海沟内航船噪声的水平指向性

6 800 m 和 6 900 m。由图可见,海沟底端的航船噪声级在 90°方向比在 0°方向大约高 5 dB,而且 0°和 180°方向的航船噪声级最小,主要原因是 0°和 180°方向海沟的坡度最陡峭,远处航船噪声源的大部分声能被海沟壁遮挡,无法传播到海沟底端;此外,海沟底端的航船噪声级在 90°和 270°方向存在两个峰值,因为在这两个方向上,没有海沟壁的遮挡,远处航船噪声源能较好地利用 DSC 进行远距离传播,因而在传播的过程中能量损失相对较小。

为得到海沟内航船噪声的垂直指向性,将一个孔径为 300 m 的 VLA 布放于海沟内 6 300 m

至 6 600 m 处(中心深度位于 6 450 m),阵元间距取 50 Hz 对应的半波长,共 21 个阵元。计算得到海沟底端航船噪声的垂直指向性如图 6-21(a)中的虚线所示,图中实线为相同条件下水平海底时的航船噪声垂直指向性,从图中可以看出,海沟底端的航船噪声垂直指向性明显偏离了 0°方向,向正方向(海面方向)移动了 10°左右。将上述声基阵的中心深度从 200 m 向海底方向移动至 6 800 m 得到航船噪声的垂直指向性随深度的变化关系如图 6-21(b)所示,图中 0°方向的黑线对应垂直指向性的水平方向,从图中可以看出,海沟内的航船噪声垂直指向性不再关于水平方向对称,明显向海面方向偏移了,而且噪声级明显降低。引起上述现象的主要原因是由于海沟壁的遮挡,海沟底端的声能主要来自海面反射波的贡献,因而指向性向海面方向偏移。此外,与水平海底相比,海沟内的噪声级在整个垂直方向上明显降低,主要是因为水平海底条件下,远处航船噪声源能较好地利用 DSC 进行远距离传播。

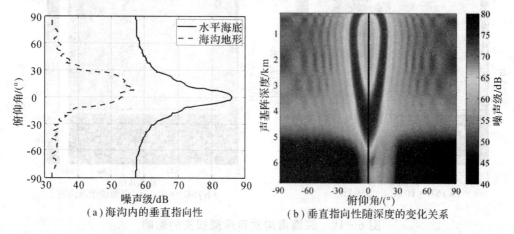

(a)海沟内的垂直指向性 (b)垂直指向性随深度的变化关系

图 6-21　海沟地形条件下航船噪声的垂直指向性

6.5.2.3　海沟航船噪声随深度的变化关系

本小节只考虑海沟地形对航船噪声级随深度变化的影响,忽略航船空间分布的影响,假定航船噪声源各向均匀分布且强度相等,在 50 Hz 和 100 Hz 时的强度级分别为 65 dB 和 59 dB,参考值为 $1\mu Pa^2/(Hz \cdot m^{-2})@1m$。采用 6.5.1.1 节中的环境条件参数,计算得到海沟剖面的航船噪声场及其噪声级随深度的变化关系如图 6-22 所示。图 6-22(a)中,色标单位为 dB,由图可见,海沟内(5 000 m 以下)的噪声级明显比海沟以上的低,而且越靠近海沟底端,噪声级越小。

图 6-22(b)(c)为海沟剖面对称轴上的噪声级随深度的变化关系,从图可以看出,当接收深度大于临界深度向海底靠近时,航船噪声级明显降低,且在海沟底部达到最小值,与临界深度处的噪声级相比,海沟底端的噪声级在 50 Hz 和 100 Hz 时分别降低了大约 20 dB 和 40 dB,可见海沟壁对远处航船噪声具有明显的遮挡作用,而且频率越高,遮挡效果也越明显;此外,与水平海底相比,海沟地形条件下的航船噪声级在整个深度范围都明显降低,而且在海沟内的降低值更为明显,主要原因是水平海底条件下,声音能够更好地利用 DSC 进行远距离传播。

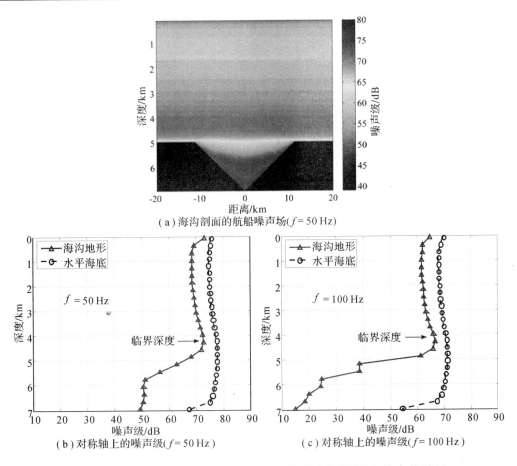

（a）海沟剖面的航船噪声场（$f = 50\ \text{Hz}$）

（b）对称轴上的噪声级（$f = 50\ \text{Hz}$）　　（c）对称轴上的噪声级（$f = 100\ \text{Hz}$）

图 6 - 22　海沟剖面的航船噪声场及其噪声级随深度的变化关系

6.5.3　算例 3：基于无限大半空间噪声模型的风关噪声建模

6.5.3.1　噪声谱级随深度的变化

海底为高声速海底底质。海深选取 50 m，底质厚度为 20 m，如图 6 - 23 所示，采用恒定声速梯度、负声速梯度和正声速梯度三种声速剖面，选取频率为 200 Hz，400 Hz 和 800 Hz。简单起见，不考虑谱级的量值，将噪声强度 q^2 设为单位值。利用 KRAKENC 声场模型求得特征值和特征函数，利用式（6 - 35）进行计算。本节将使用 Kuperman 文章[31]中的三种典型的声速剖面，沉积层类型为砂—泥—黏土（密度 $\rho = 1.58\ \text{g/cm}^3$，声速 $c = 1\ 578\ \text{m/s}$），计算三种条件下的风关噪声谱级如图 6 - 24 所示。

噪声谱级随深度的变化在恒定声速情况和负声速梯度情况下较为类似。两种情况都表现出了噪声谱级随深度减小的情况，这是因为频率越高，在海水中的衰减越大。而对于负声速梯度来说，由于更多的声线触碰海底，因而衰减相较恒定声速情况来说要更大一些。对于正梯度声速剖面，噪声强度峰值的出现是由于低阶模态被限制在上半部分水体中，很难与海底进行接触，因而衰减很小，远场噪声源对噪声谱级的贡献较大。

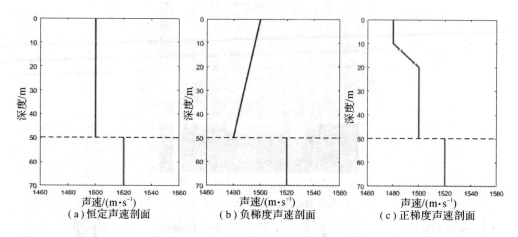

图 6 - 23　浅海环境中不同的声速剖面

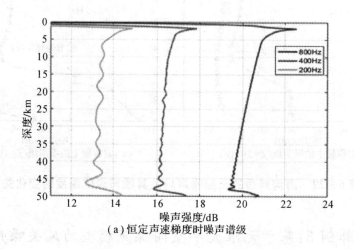

（a）恒定声速梯度时噪声谱级

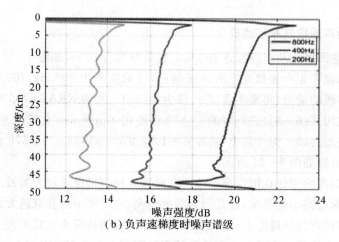

（b）负声速梯度时噪声谱级

图 6 - 24　不同声速剖面下的噪声谱级

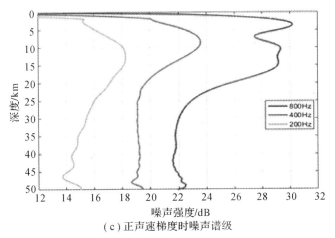

（c）正声速梯度时噪声谱级

续图 6 - 24　不同声速剖面下的噪声谱级

6.5.3.2　风关噪声垂直指向性

由于计算指向性时阵元间距要小于二分之一波长，利用声场互易法进行计算时，垂直方向的声场网格至少应为二分之一波长，而高频、深海的情况下，网格数量十分巨大，利用声场互易法计算整个深度上的垂直指向性变成了一项耗时十分巨大的工作。因而计算整个深度上的垂直指向性时可以利用简正波方法进行计算。对于噪声的垂直指向性，可以采用一个 50 元垂直线列阵（Vertical Line Array，VLA）进行计算，阵元间距为二分之一波长。

图 6 - 25 分别为 500 Hz 频率和 1 000 Hz 频率的垂直指向性图，其中噪声强度仍设为单位值。从图中可以看出，在各个深度处，尤其是临界深度及以下，以正掠射角到达的噪声强度远远强于负掠射角，正掠射角来波代表着近场海面声源发出的直达波，或远场声源发出的经海面反射或在海面附近反转的声波，而负掠射角代表着海底反射波或在海底附近发生反转的波。正掠射角声强远大于负掠射角的情况说明，在各个深度处的噪声主要是由近场海面声源的直达波组成，而负掠射角部分尤其是角度较大的部分，由于海底反射衰减巨大，对噪声强度的贡献较小。

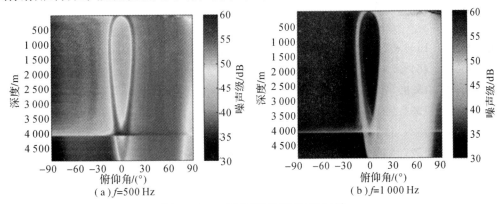

（a）f=500 Hz　　　　　　　　（b）f=1 000 Hz

图 6 - 25　深海风关噪声指向性

除了上述现象之外，还可以在图中看出，小掠射角部分不管正负都有较强噪声强度，且风成噪声的垂直指向性在水平方向上出现了明显的凹槽，而且凹槽的宽度是随深度变化的，凹槽宽度在声道轴处达到最大；此外，其俯仰角峰值由两个对称的角度构成。在临界深度以下，凹槽逐渐减小直到消失，风成噪声的垂直指向性逐渐回到了水平方向。

附录　算例中的环境文件

(1)算例 1

'noisesimulation'	! TITLE
W e f1　p	! options
1000　32　1	! niter, q , npop
0.8 0.5 0.05	! px,pu,pm
	! RAM options
1	! #freq, max modes
50.0	! 声源频率(Hz)
4900.0	! 声源深度(m)
10.0 200000.0 30.0	! 水平接收距离范围(m):最小接收距离　最大接收距离水平网格间距
30.0	! 水平距离步长(m)(与上水平网格间距保持一致)
6000.00 0.50 40	! 最大接收深度(m)　深度网格间距 dz　深度抽取因子 ndz dz* ndz=垂直网格间距
1.0 6000.0	! 接收深度范围:最小接收深度　最大接收深度
1500　5　10.0	! 参考声速　有理近似项数　稳定性约束个数　稳定性约束的最大范围(m)

0.000	5000.000	! 海底地形参数设置:水平距离(m)　海深(m)
400000.000	5000.000	
−1	−1	

0.000	1548.521	! 声速剖面
40.000	1543.595	
80.000	1539.071	
120.000	1534.921	
160.000	1531.118	
200.000	1527.639	
240.000	1524.459	
280.000	1521.560	
320.000	1518.920	
360.000	1516.521	
400.000	1514.348	
440.000	1512.383	
480.000	1510.612	

520.000	1509.022
560.000	1507.600
600.000	1506.334
640.000	1505.213
680.000	1504.228
720.000	1503.368
760.000	1502.624
800.000	1501.989
840.000	1501.455
880.000	1501.015
920.000	1500.662
960.000	1500.391
1000.000	1500.194
1010.000	1500.156
1020.000	1500.123
1030.000	1500.093
1040.000	1500.068
1050.000	1500.047
1060.000	1500.030
1070.000	1500.017
1080.000	1500.007
1090.000	1500.002
1100.000	1500.000
1110.000	1500.002
1120.000	1500.007
1130.000	1500.016
1140.000	1500.029
1150.000	1500.044
1160.000	1500.063
1170.000	1500.086
1180.000	1500.111
1190.000	1500.140
1200.000	1500.172
1300.000	1500.650
1400.000	1501.382
1500.000	1502.327
1600.000	1503.449
1700.000	1504.718
1800.000	1506.111

1900.000	1507.606
2000.000	1509.187
2100.000	1510.839
2200.000	1512.551
2300.000	1514.312
2400.000	1516.115
2500.000	1517.952
2600.000	1519.818
2700.000	1521.708
2800.000	1523.618
2900.000	1525.544
3000.000	1527.484
3100.000	1529.436
3200.000	1531.398
3300.000	1533.367
3400.000	1535.344
3500.000	1537.326
3600.000	1539.312
3700.000	1541.303
3800.000	1543.297
3900.000	1545.293
4000.000	1547.292
4100.000	1549.292
4200.000	1551.294
4300.000	1553.298
4400.000	1555.302
4500.000	1557.308
4600.000	1559.314
4700.000	1561.321
4800.000	1563.328
4900.000	1565.336
5000.000	1567.344
7000.000	1610.000
-1	-1

0.000	1508.0	！底质参数设置(2层海底)：沉积层深度(m) 声速(m/s)
200.0	1508.0	
200.1	1800.0	
-1	-1	

```
0.000    1.344     ！沉积层深度(m)密度(g/cm³)
200.0    1.344
200.1    1.900
 -1       -1

0.000    0.010     ！沉积层深度(m)  衰减(dB/λ)
200.0    0.020
200.11   10.104
 -1       -1


 -1       -1


1                  ！nparm

3   3   1  1.79    1.81  128   ！lower density
```

(2)算例2
```
'noisesimulation'       ！TITLE
W e f1  p               ！options
1000  32  1             ！niter, q ,npop
0.8 0.5 0.05            ！px,pu,pm
                        ！RAM options
1                       ！#freq, max modes
100.0                   ！声源频率(Hz)
10.0                    ！声源深度(m)
10.0 200000.0 30.0      ！水平接收距离范围(m):最小接收距离  最大接收距离  水平网
                          格间距
30.0                    ！水平距离步长(m)(与上水平网格间距保持一致)
6100.00 0.50 40         ！最大接收深度(m) 深度网格间距 dz 深度抽取因子 ndz dz*ndz＝
                          垂直网格间距
1.0 6100.0              ！接收深度范围:最小接收深度  最大接收深度
1500  5  10.0           ！参考声速  有理近似项数  稳定性约束个数  稳定性约束的最大
                          范围(m)

0.000    5000.000 ！海底地形参数设置:水平距离(m)海深(m)
95956.876    5000.000
112000.000   1000.000
128043.124   5000.000
400000.000   5000.000
 -1          -1
```

0.000	1548.521
40.000	1543.595
80.000	1539.071
120.000	1534.921
160.000	1531.118
200.000	1527.639
240.000	1524.459
280.000	1521.560
320.000	1518.920
360.000	1516.521
400.000	1514.348
440.000	1512.383
480.000	1510.612
520.000	1509.022
560.000	1507.600
600.000	1506.334
640.000	1505.213
680.000	1504.228
720.000	1503.368
760.000	1502.624
800.000	1501.989
840.000	1501.455
880.000	1501.015
920.000	1500.662
960.000	1500.391
1000.000	1500.194
1010.000	1500.156
1020.000	1500.123
1030.000	1500.093
1040.000	1500.068
1050.000	1500.047
1060.000	1500.030
1070.000	1500.017
1080.000	1500.007
1090.000	1500.002
1100.000	1500.000
1110.000	1500.002
1120.000	1500.007

! 声速剖面

1130.000	1500.016
1140.000	1500.029
1150.000	1500.044
1160.000	1500.063
1170.000	1500.086
1180.000	1500.111
1190.000	1500.140
1200.000	1500.172
1300.000	1500.650
1400.000	1501.382
1500.000	1502.327
1600.000	1503.449
1700.000	1504.718
1800.000	1506.111
1900.000	1507.606
2000.000	1509.187
2100.000	1510.839
2200.000	1512.551
2300.000	1514.312
2400.000	1516.115
2500.000	1517.952
2600.000	1519.818
2700.000	1521.708
2800.000	1523.618
2900.000	1525.544
3000.000	1527.484
3100.000	1529.436
3200.000	1531.398
3300.000	1533.367
3400.000	1535.344
3500.000	1537.326
3600.000	1539.312
3700.000	1541.303
3800.000	1543.297
3900.000	1545.293
4000.000	1547.292
4100.000	1549.292
4200.000	1551.294
4300.000	1553.298

```
4400.000    1555.302
4500.000    1557.308
4600.000    1559.314
4700.000    1561.321
4800.000    1563.328
4900.000    1565.336
5000.000    1567.344
7000.000    1610.000
  -1           -1
   0.000     1508.0! 底质参数设置（2层海底）：沉积层深度（m）声速（m/s）
 200.0       1508.0
 200.1       1800.0
  -1           -1
   0.000     1.344       ！沉积层深度（m）密度（g/cm³）
 200.0       1.344
 200.1       1.900
  -1           -1
   0.000     0.010！沉积层深度（m）衰减（dB/λ）
 200.0       0.020
 200.1      10.104
  -1           -1
  -1           -1
1          ！nparm
3   3   1   1.79    1.81   128   ！lower density
```

参 考 文 献

[1] 黎雪刚. 水声基阵流噪声和环境噪声建模与特性研究[D]. 西安：西北工业大学，2013.

[2] 林建恒. 风关海洋环境噪声理论模型[D]. 北京：中国科学院声学研究所，2002.

[3] URICK R J. Principle of underwater sound [M]. New York：Mc Graw - Hill Education press，1990：202 - 236.

[4] KNUDSEN V O, ALFORD R S, EMLING J W. Survey of Underwater Sound, Report No. 2,Sounds from Submarines[M]. Washington D. C.：Office of Scientific Research and Development，National Defence Research Committee，1944.

[5] WENZ G M. Acoustic Ambient Noise in the Ocean：Spectra and Sources[J]. Journal of the Acoustical Society of America，1962，34(12)：1936 - 1956.

[6] PAUL C ETTER. 水声建模与仿真[M]. 北京：电子工业出版社，2005.

[7] CRON B F, SHERMAN C H. Spatial - Correlation Functions for Various Noise

Models[J]. Journal of the Acoustical Society of America, 1962, 34(11): 1732 - 1736.

[8] KUPERMAN W A, INGENITO F. Spatial correlation of surface generated noise in a stratified ocean[J]. Journal of the Acoustical Society of America, 1980, 67(6): 1988 - 1996.

[9] HARRISON C H. A simple model of ambient noise and coherence[J]. Journal of the Acoustical Society of America, 1997, 102(5):2655.

[10] WAGSTAFF R A. RANDI: research ambient noise directionality model[R]. [S. l. : s. n.], 1973.

[11] 吴静. 海洋环境噪声建模研究[D]. 哈尔滨:哈尔滨工程大学, 2007.

[12] LIGGETT JR W S, JACOBSON M J. Covariance of Surface - Generated Noise in a Deep Ocean [J]. Journal of the Acoustical Society of America, 1965, 38 (2): 303 - 312.

[13] LIGGETT JR W S, JACOBSON M J. Noise covariance and vertical directivity in a deep ocean[J]. Journal of the Acoustical Society of America, 1966, 39(2): 280 - 288.

[14] WILSON J H. Low - frequency wind - generated noise produced by the impact of spray with the ocean's surface[J]. Journal of the Acoustical Society of America, 1980, 68(3): 952 - 956.

[15] KUPERMAN W A, FERLA M C. A shallow water experiment to determine the source spectrum level of wind - generated noise[J]. Journal of the Acoustical Society of America, 1985, 77(6): 2067 - 2073.

[16] 罗斯. 水下噪声原理[M]. 北京:海洋出版社, 1983.

[17] HAMSON R M. Sonar array performance prediction using the RANDI-Ⅱ Anambient noise model and other approaches[R]. [S. l. ;s. n.],1994.

[18] RENNER W W. Ambient noise directionality estimation system (ANDES) technical description [J]. Science Applications International Corporation, McLean, VA, SAIC-86/1645. DANM Evaluation Using Port Everglades Data, 1986, 23.

[19] CHAPMAN D M F, WARD P D, ELLIS D D. The effective depth of a Pekeris ocean waveguide, including shear wave effects[J]. Journal of the Acoustical Society of America, 1989, 85(2): 648 - 653.

[20] CHAPMAN N R, EBBESON G R. Acoustic shadowing by an isolated seamount[J]. Journal of the Acoustical Society of America, 1983, 73(6): 1979 - 1984.

[21] BUCKINGHAM M J, JONES S A S. A new shallow - ocean technique for determining the critical angle of the seabed from the vertical directionality of the ambient noise in the water column[J]. Journal of the Acoustical Society of America, 1987, 81 (4): 938 - 946.

[22] PLAISANT A. Spatial coherence of surface generated noise [J]. Proceedings of UDT, 1992: 515.

[23] CAREY W M. Deep - ocean vertical noise directionality [J]. IEEE Journal of Oceanic Engineering, 1990, 15(4):324 - 334.

[24] CAREY W M, WAGSTAFF R A. Low - frequency noise fields[J]. Journal of the Acoustical Society of America, 1986, 80(5): 1523 - 1526.

[25] CAREY W M, EBANS R E, DAVIS J A. Downslope propagation and vertical directionality of wind noise[J]. Journal of the Acoustical Society of America, 1987, 82 (S1): S63 - S63.

[26] YANG T C, KWANG YOO. Modeling the environmental influence on the vertical directionality of ambient noise in shallow water[J]. Journal of the Acoustical Society of America,1997, 101(5):2541.

[27] BANNISTER R W, KEWLEY D J, BURGESS A S. Directional underwater noise estimates - the DUNES model[J]. Journal of the Acoustical Society of America, 1989.

[28] JENSEN F B, PORTER M B, SCHMIDT H, et al. Computational Ocean Acoustics [M]. New York:Springer, 2011.

[29] 王珂. 深海风关噪声建模与统计特性分析[D]. 西安:西北工业大学,2017.

[30] CAREY W M, EVANS R B. Ocean ambient noise : measurement and theory[M]. New York:Springer, 2011.

[31] KUPERMAN W A, INGENITO F. Spatial correlation of surface generated noise in a stratified ocean[J]. Journal of the Acoustical Society of America, 1980, 67(6):1988 - 1996.